几种三元铟基金属硫化物半导体光催化剂的制备及应用

张 伟 张丽娜 苏 适 著

本书数字资源

北 京
冶 金 工 业 出 版 社
2024

内容提要

本书介绍了几种常见的三元铟基硫化物半导体光催化剂 AIn_2S_4(A=Zn,Ca,Cd)的制备及其光（电）催化性能。内容主要包括光催化原理及光催化剂的制备技术，薄膜形态立方相 $ZnIn_2S_4$、$CaIn_2S_4$ 及 $CdIn_2S_4$ 的制备工艺、表征技术及其光电化学性能，复合薄膜 $ZnIn_2S_4/TiO_2$ 和 $CaIn_2S_4/TiO_2$ 异质结构的制备及其光电化学性能，以及粉体形态 $CaIn_2S_4/TiO_2$ 复合光催化剂的制备及光催化性能。

本书可供从事光电功能材料方向研究的科研人员参阅。

图书在版编目(CIP)数据

几种三元铟基金属硫化物半导体光催化剂的制备及应用／张伟，张丽娜，苏适著．—北京：冶金工业出版社，2024.3

ISBN 978-7-5024-9760-6

Ⅰ.①几… Ⅱ.①张… ②张… ③苏… Ⅲ.①金属—硫化物—半导体—光催化剂—研究 Ⅳ.①O614 ②O643.36

中国国家版本馆 CIP 数据核字(2024)第 046202 号

几种三元铟基金属硫化物半导体光催化剂的制备及应用

出版发行 冶金工业出版社　**电　话** (010)64027926

地　址 北京市东城区嵩祝院北巷 39 号　**邮　编** 100009

网　址 www.mip1953.com　**电子信箱** service@mip1953.com

责任编辑 于昕蕾 卢 蕊　美术编辑 吕欣童　版式设计 郑小利

责任校对 李欣雨　责任印制 禹 蕊

三河市双峰印刷装订有限公司印刷

2024 年 3 月第 1 版，2024 年 3 月第 1 次印刷

710mm×1000mm 1/16；7.75 印张；150 千字；114 页

定价 78.00 元

投稿电话 **(010)64027932**　**投稿信箱** **tougao@cnmip.com.cn**

营销中心电话 **(010)64044283**

冶金工业出版社天猫旗舰店 **yjgycbs.tmall.com**

（本书如有印装质量问题，本社营销中心负责退换）

前　　言

在人类发展的历史长河中，能源的变革标志着人类社会的发展与进步，18 世纪 60 年代工业革命带来了蒸汽机，从此大量的煤炭走进了人类生活，推动了世界工业格局的改变及经济的发展。到了 19 世纪 60 年代，石油开始用作照明燃料、内燃机燃料等，一跃成为全世界的主流能源。到了 20 世纪，人类工业水平的快速发展以及全球人口总数的持续上升，使得人们对能源的需求越来越大。此外，煤炭和石油燃烧会产生 CO_2、SO_2、烟尘等有害物质，温室效应、酸雨和空气污染等环境问题正在一步步威胁着全球生态环境，这些问题导致传统能源无法满足现代社会的工业需求和社会活动。妥善解决石油危机和环境污染两大难题，有利于未来社会的蓬勃发展，寻找和研发绿色、无污染的可再生能源成为能源领域的首要问题。

太阳蕴含非常丰富的能量资源，具有取之不尽用之不竭的特点，在各类可再生能源中表现出绝对优势，成为国内外专家学者争先研究的热点。光催化技术以半导体为催化剂，直接或者间接地利用清洁太阳能源，将太阳能转化为其他可应用的化学能源，例如光催化分解水制氢、还原二氧化碳生成可利用的其他碳氧化合物等。此外，利用光催化技术还可将水中的有机污染物降解为二氧化碳和水，能够有效解决水污染问题。自 1972 年 Fujishima 和 Honda 研究发现金属氧化物半导体 TiO_2 可以作为光催化剂进行光催化分解水以来，科研工作者开发了各种新型高效的可见光响应光催化剂，如金属氧化物、金属硫化物、具有石墨相结构的 g-C_3N_4 材料等。在众多的可见光响应的光催化材料中，金属硫化物半导体，特别是三元金属硫化物半导体材料，由于其合适的导带位置、较窄的带隙宽度和相对稳定的化学性质而被广泛研究。$ZnIn_2S_4$、$CaIn_2S_4$、$CdIn_2S_4$ 是几种典型的可见光响应三元金属硫化物半导体光催化剂，在制备过程中，它们的反应前驱物种类丰富，化学组分简单，制备工艺便捷，而且它们的光（电）催化特性优异，在光催化分解水制氢、光催化还原 CO_2 以及光催化降解污染物等领域展现出广阔的应用前景。

为了更好地对上述三种铟基金属硫化物半导体光催化剂进行开发和利用，须对其制备方法和光电特性开展研究。本书着重介绍了 $ZnIn_2S_4$、$CaIn_2S_4$、$CdIn_2S_4$ 三种材料及其复合结构的制备方法，并在此基础之上开展了光（电）催化性能的研究。全书分为 8 章，第 1~2 章概述了光催化技术，以 $ZnIn_2S_4$ 为代表介绍了其基本物质属性及现阶段该类光催化剂的制备技术；第 3、5、8 章分别介绍了薄膜形态立方相 $ZnIn_2S_4$、$CaIn_2S_4$ 及 $CdIn_2S_4$ 的制备工艺、表征手段及其光电化学性能；第 4、7 章分别介绍了复合薄膜 $ZnIn_2S_4/TiO_2$ 和 $CaIn_2S_4/TiO_2$ 异质结构的制备及其光电化学性能，并在第 6 章介绍了粉体形态 $CaIn_2S_4/TiO_2$ 复合光催化剂的制备及光催化降解有机染料性能。

本书主要内容均源自作者学习期间的研究成果和近年来利用三元铟基金属硫化物半导体作为光催化剂的研究成果。此外，增加了该领域的一些典型成果的总结。

由于作者水平有限，书中难免有不妥之处，敬请各位读者批评指正。

作 者

2023 年 11 月

目　　录

1 光催化技术介绍

1.1 引　　言

随着现代经济的高速发展和人口的不断增长，全球能源过度消耗，大量的煤炭、石油和天然气等化石能源被不断开采，能源危机成为人类社会亟待解决的重大问题之一。另外，日益严重的环境污染问题已经威胁到了人类的日常生活，来自工业和城市居民的大量污水被排放进入自然水体，其中的有机染料、抗生素等不断破坏着地球的生态环境，给人类的生活环境带来了严重的负面影响。面对全球性的能源短缺和环境污染双重危机，新型绿色能源的开发、使用以及生态环境的有效治理成为人类社会未来发展所要面临的重要问题[1]。

太阳热核聚变产生的能量中，辐射到地球的能量非常大，每年到达地球表面的能量约等于 1.3×10^{6} 亿吨标准煤的能量值[2]，是世界能源消耗年总量的 1 万倍。太阳蕴含非常丰富的能量资源，具有取之不尽用之不竭的特点，在各类可再生能源中表现出绝对优势，成为国内外专家学者争先研究的热点。光催化是一种以半导体为催化剂，直接或者间接地利用清洁的太阳能源，将太阳能转化为其他可应用的化学能源的技术，例如光催化分解水制氢、还原二氧化碳生成可利用的其他碳氧化合物等。此外，利用光催化技术还可将水中的有机污染物降解为二氧化碳和水，能够有效解决水污染问题。因此，光催化技术被认为是最有希望解决能源和环境问题的可行性办法之一。

1.2 光催化分解水制氢

在新能源领域中，氢能被认为是能够彻底解决能源危机的理想、廉价和安全的新能源之一，它能够以气、液、固三种形式存在，适应储运和应用环境的不同要求。除核燃料以外，氢的发热值是所有化石燃料、化工燃料和生物燃料中最高的。氢气本身无毒，水是其唯一燃烧产物，不会对环境造成污染，也不会带来温室效应。然而制造氢气的过程是非常复杂的，如利用天然气制氢，需吸收大量的热，制氢过程耗能高，且存在反应装置规模大、投资高等难题。相对来说，光催化分解水制氢的方法简单、高效、清洁，不仅能够解决传统化石能源短缺问题，还可大大缓解传统能源带来的环境污染问题。因此，利用太阳能通过光催化反应制氢被认为是获取氢能源的理想途径之一[3]。光催化分解水制取氢气可以分为 3 种类型，分别是粒子光催化系统（particulate photocatalyst system）、光电化学系统（photoelectrochemical system）和光伏-光电化学混合系统（photovoltaic-photoelectrochemical system）。

1.2.1　粒子光催化分解水制氢

粒子光催化分解水制氢系统是将光催化剂粉末样品直接放到水溶液中，在一定波长的光照射下，将水直接分解成 H_2 和 O_2 的技术，如图 1-1 所示。这种技术具有简单、廉价、可大面积应用等特点。

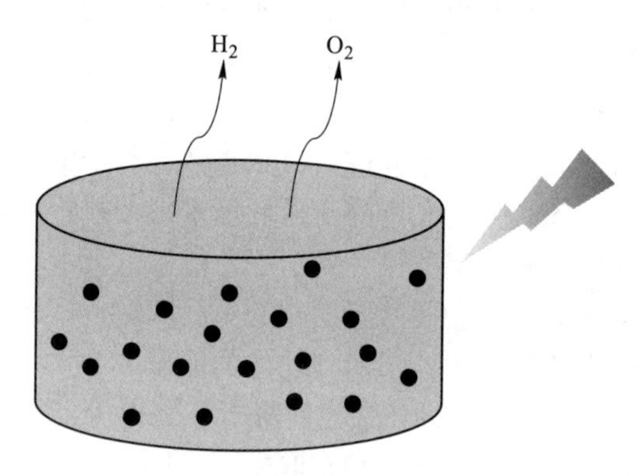

图 1-1　粒子光催化分解水示意图

光催化反应的发生得益于半导体材料特殊的能带结构，不同于金属材料，半导体的能带是不连续的，通常由充满电子的价带（valence band，VB）和空的导带（conduction band，CB）组成，价带和导带之间存在一个禁带，禁带宽度为 E_g。一般来说，利用半导体光催化剂进行光催化分解水制氢反应的过程可以分为 3 个主要步骤，如图 1-2 所示。第一步是当太阳光入射到半导体催化剂上、入射光子的能量 $h\nu$ 大于或等于禁带宽度 E_g 时，价带的电子（e^-）会被激发而跃迁到导带上，在价带上会出现一个空穴（h^+），形成电子-空穴对[4]。光催化剂吸收波长边界 λ_g 与禁带宽度 E_g 的关系如下[5]：

$$\lambda_g = \frac{h\nu}{E_g} = \frac{1240}{E_g} \tag{1-1}$$

式中，h 为普朗克常量；ν 为光波的频率。以常见光催化剂二氧化钛（TiO_2）为例，TiO_2 的禁带宽度为 3.2 eV，通过式（1-1）计算得出，只有波长小于 387.5 nm 的紫外光照射才能激发 TiO_2 产生电子-空穴对。在这个过程中，当照射到半导体上的光子能量大于半导体材料的禁带能量时，材料中价带上的电子就会受到激发而跃迁到导带上，并且在价带上产生空穴。如果想要获得更好的光催化效率，那么在这一过程中，必须要保证照射到半导体光催化剂的光子能量大于半导体材料的禁带能量。

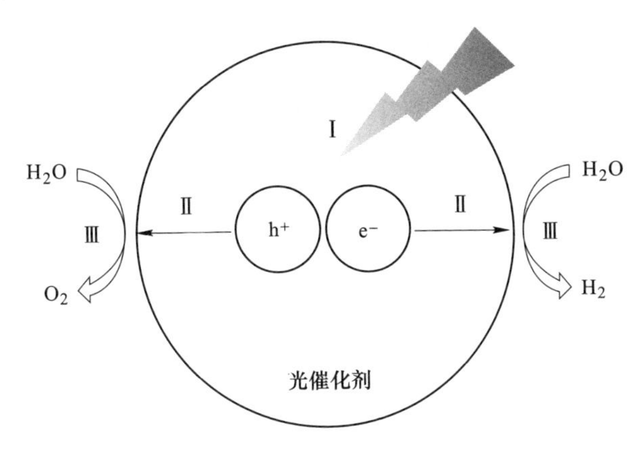

图 1-2 光催化分解水涉及的主要过程示意图

光催化分解水制氢的第二步包括光生载流子的分离和光生载流子迁移到半导体光催化剂表面的过程。这一步在光催化分解水制氢反应中至关重要，因为其关系到第一步产生的光生载流子中有多少能够真正参与到光催化分解水制氢的反应中去。在载流子运输的过程中，光生载流子不可避免地在半导体的内部及表面发生复合，从而消耗掉部分载流子，减少了能够参与到光催化分解水制氢反应的载流子数量。因此，光催化反应的效率与电子和空穴的转移能力密切相关，其转移能力越强，越利于氧化还原反应的发生。最后一步是在光催化剂表面发生氧化还原反应。在电化学反应过程中，光生电子和空穴的电势由半导体光催化剂的价带和导带位置决定，价带顶（valence band top）越正，空穴的氧化能力越强；导带底（conduction band bottom）越负，光生电子的还原能力越强。对于光催化制氢的半导体来说，导带底的位置必须要比 H^+/H_2（0 V vs. NHE，pH = 0）的还原电势更负，才能将 H^+ 还原从而产生氢气，价带顶必须比 O_2/H_2O（1.23 V vs. NHE，pH = 0）的氧化电势更正，才能将 H_2O 氧化从而产生氧气，这也是半导体光催化剂进行光催化水解反应需要满足的最基本要求[6]。从理论上讲，实现全分解水催化反应所需的最小光子能量为 1.23 eV，对应波长为 1000 nm 左右的光子。但实际上，由于受催化剂能带弯曲的影响和水分解过电位的存在，对半导体带隙的要求往往大于该理论值，一般认为应大于 1.8 eV[7]。光催化分解水制氢气和氧气的化学反应可以用下面的方程式表示[6]：

$$2H_2O \longrightarrow O_2 + 4H^+$$

$$4H^+ + 4e^- \longrightarrow (O_2 +)2H_2$$

就热力学而言，光催化水分解反应是热力学爬坡反应（ΔG 为 237 kJ/mol），同时涉及 4 个电子的转移过程，而光催化水还原反应只需 2 个电子参与且 ΔG 接近0，因此光催化氧化反应通常被认为是水分解反应的控速步骤[8]。

1.2.2　光电化学分解水制氢

光电化学分解水反应是电辅助下的光催化反应，在纯电催化作用下，H_2O的分解电压是1.23 V vs. RHE，而在光的作用下，水的分解电压会远小于1.23 V vs. RHE。完整的光电化学光催化系统主要包含工作电极、对电极、电解液和外部电路四个部分。当半导体与电解液发生接触时，由于其费米能级与电解液的氧化还原电位不同，电子会在它们之间转移以达到势能平衡状态，造成界面处能带弯曲。以n型半导体制成的工作电极（光阳极）为例，其费米能级高于电解液的氧化还原电位时，电子向电解液方向转移，形成向上弯曲的能带，在半导体近表面区形成耗尽层。在光照条件下，光阳极受激发产生的电子会在内建电场和外加电压的驱动力作用下向光电极基底转移，并通过外电路流向对电极（一般是Pt），水中的H^+从阴极上接受电子产生氢气，而留在光阳极中的空穴传输到催化剂的表面与水中的O^{2-}发生反应生成氧气［见图1-3（a）］[9]。两电极上各自发生的反应如下[6,10]：

光阳极：

$$H_2O + h^+ \longrightarrow \frac{1}{2}O_2 + 2H^+$$

对电极：

$$2H^+ + 2e^- \longrightarrow H_2$$

总反应方程式：

$$2H_2O + 4h\nu \longrightarrow O_2 + 2H_2$$

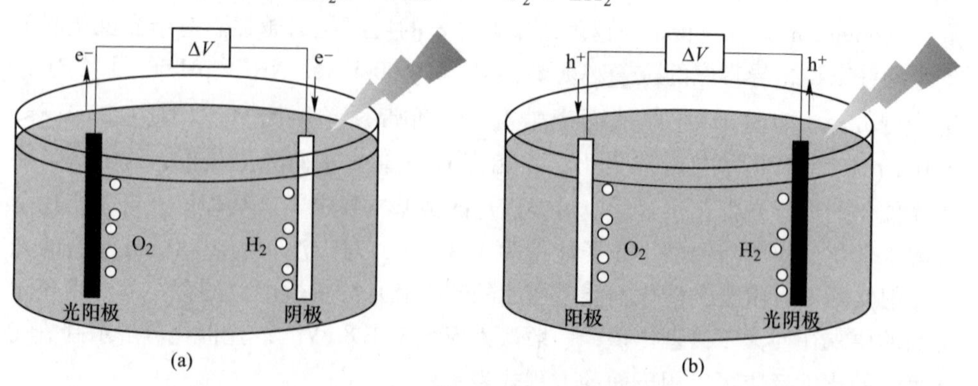

图1-3　光电化学分解水原理图

（a）工作电极为n型半导体；（b）工作电极为p型半导体

相反，如工作电极为p型半导体，该电极被称为光阴极，界面处半导体的能带向下弯曲，光生电子会迁移到半导体表面上还原水，生成氢气，而在对电极上发生水的氧化反应，生成氧气［见图 1-3（b）］。值得注意的是，在光电化学分解水制氢中生成的 O_2 和 H_2 是在不同的电极上产生的，因此不需要将产生的 O_2 和 H_2 进行分离。

采用光电化学电池来实现水分解，好处在于即使半导体的费米能级所对应电位并不够理想，但通过在光电极和对电极之间施加一个外电压，可以补偿费米能级的电位不足，从而驱动对电极上还原反应的发生。与粒子光催化水解制氢一样，光电化学分解水同样包含 3 个过程：（1）半导体材料吸收光产生电子-空穴对；（2）电子-空穴对发生分离并传输到相应电极表面；（3）在电极表面发生水的氧化和还原反应。其中，光阳极上的反应涉及多电子、多质子的传输过程，反应动力学相对来说较慢，且需要一定的过电位才能驱动，因此对于一个光电化学分解水反应来说，光阳极上发生的一系列过程是决速步骤。大量研究表明一个好的半导体光阳极一般都具有以下特点：具有合适的带隙，能够大范围吸收光子去激发生成大量的光生电子和空穴；光生载流子复合概率小，有更多的光生电子和空穴参与到催化反应；受环境影响小，具有较好的化学稳定性；反应过电位较低，所需外部能量较少；符合绿色能源理念，对环境无污染。

1.2.3　太阳能电池辅助光电化学制氢

这种光催化分解水制氢系统是由高效的光伏太阳能电池和光电极串联组成的叠层器件，分为外置式和浸入式两类，分别如图 1-4（a）和图 1-4（b）所示[11-13]。外置式是将光伏电池置于电解液之外，不与电解液直接接触，太阳能电

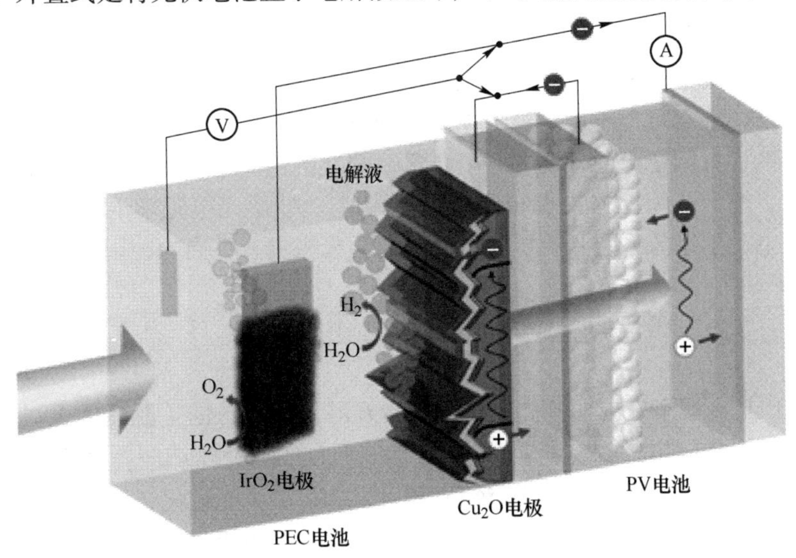

(a)

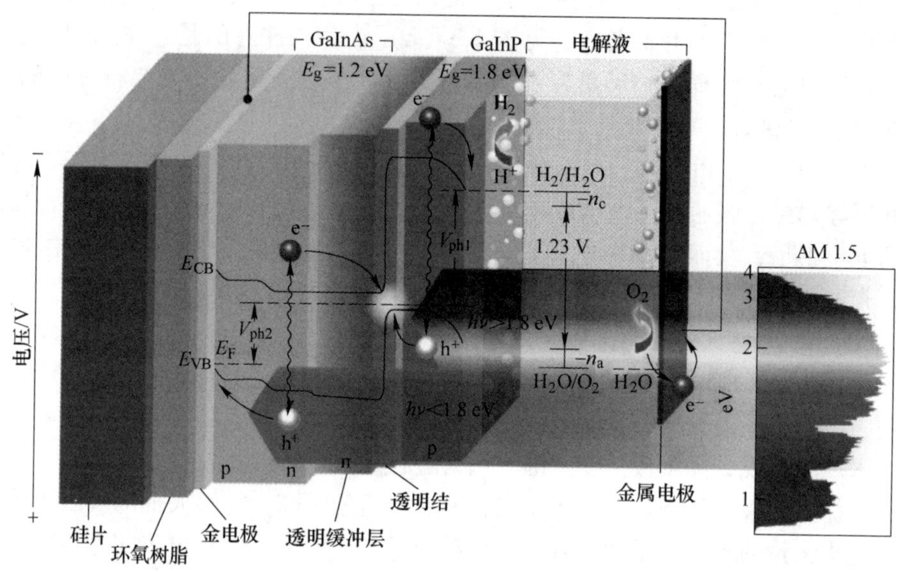

(b)

图 1-4 太阳能电池辅助光电化学制氢系统

（a）外置式[12]；（b）浸入式[13]

图 1-4 彩图

池中的载流子通过外电路与电解池相连。浸入式是将太阳能电池直接置于光电极之后放入电解液中，光电极与电解液形成半导体/电解液结。该类型太阳能电池可以节省体系的成本，但材料在电解液中的稳定性以及前置电极表面产生的气泡对入射光的散射都会对器件性能产生影响。总的来说，对于这两种类型的水分解体系，光源是唯一的能量输入，在光照下，太阳能电池提供光电化学分解水所需要的偏压，从而可以不需要外加电源实现分解水。由于有太阳能电池带来的电压上的帮助，太阳能电池辅助的光电化学系统在挑选光电极材料方面有了更大的选择空间，能带匹配上的要求相对变少。因此，光伏-光电化学混合系统相比于单纯的光电化学制氢系统具有更大的优势，在未来具有更高的应用价值。

1.3 光催化还原 CO_2

CO_2 是造成全球气温升高、气候反常及海平面上升的主要气体之一，由于化石能源的大量使用，空气中 CO_2 含量不断增加，如何将 CO_2 转换为具有利用价值的碳基燃料是一个重要的研究领域和巨大的挑战。光催化还原 CO_2 技术直接以 CO_2 为原料，对空气中的 CO_2 进行还原与固定，是可以提供一氧化碳（CO）、甲烷（CH_4）、甲醇（CH_3OH）等可再生能源的有效策略，同时能够在一定程度上

缓解因空气中 CO_2 浓度过高而产生的环境负面效应，对于改善人类生活环境具有重要意义[14]。

受自然界中绿色植物光合作用的启发，人工光合作用将空气中的 CO_2 光催化还原为 H_2O、O_2 以及其他碳氢化合物。CO_2 是一个线性分子，其 C═O 的键能较高（每摩尔键能为 750 kJ），热力学性质稳定，因此在光催化还原 CO_2 过程中需要较大的能量来打断 C═O 化学键。但是，通常在紫外-可见光（200~800 nm）照射下，CO_2 是化学惰性的，因此需要通过光催化剂吸收光子产生光电子将 CO_2 还原[15]。

与光催化分解水制氢的过程类似，光催化还原 CO_2 的反应过程包含了相似的步骤，如图 1-5 所示[16]。（1）光捕获过程：半导体吸收足够的能量被激发后，产生光生电子和空穴，这个过程要求光子的能量大于半导体材料的禁带宽度（$h\nu \geqslant E_g$），这是光催化反应的起始步骤，也是发生后续两个步骤的先决条件。光生电子-空穴对产生的同时往往也伴随着电子和空穴的复合，造成大量的光生电子和空穴不能被有效利用，进而影响催化活性。（2）光生电子和空穴向催化剂表面迁移过程：光催化剂导带上的光生电子和价带上的空穴将分别迁移到材料表面处的催化活性位点参与氧化还原反应。一般地，光生载流子的寿命只有纳秒级，扩散距离越长，损耗的光生载流子越多。（3）还原 CO_2 反应：在水环境中，光催化剂导带中满足一定的还原能力的电子将 CO_2 转换为可用的燃料，如 CO、CH_4 等，价带中的空穴则氧化水生成氧气和氢离子。此过程要求催化剂的能带与

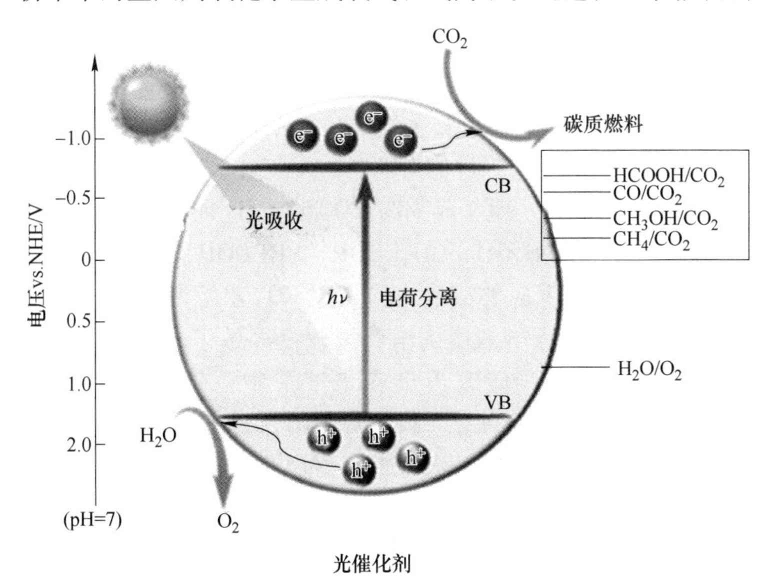

图 1-5 光催化还原 CO_2 涉及的主要过程示意图[16]

CO_2 的还原电势相匹配，催化剂的导带需负于 CO_2 的还原电势，电子才能够从催化剂转移到 CO_2 分子上将其还原。类似地，光催化剂半导体的价带要比 H_2O 的氧化电势更正一些，才能方便光生空穴传输到 H_2O。CO_2 在不同的还原电位上，通过和不同数量的光生电子反应可以得到不同的产物，如 CO_2 与两个电子相结合可以生成 HCOOH 和 CO，由于生成这两种产物所需的还原电位不同，因此反应产物与还原电位有关。

光催化还原 CO_2 的催化效率以及催化产物很大程度上依赖于光催化反应系统以及光催化剂的选择。理想的还原 CO_2 的光催化材料需满足以下要求：（1）光吸收特性良好；（2）合适的导带和价带位置，能够驱动 CO_2 还原和 H_2O 的氧化；（3）光生电子-空穴对的分离效率高；（4）丰富有效的活性反应位点；（5）具有优异传质性能的孔道结构；（6）具备短的电子传输路径[17]。

目前报道的光催化还原 CO_2 的产物种类很多，包括 CH_3OH、CH_4、HCOOH、CO、HCHO 以及 CH_3COOH 等。这些氧化还原反应可以总结为下面的方程式（vs. 标准氢电极，pH = 7）[18]：

$$CO_2(g) + e^- \longrightarrow CO_2^{\cdot -} \qquad E^\ominus = -1.90\ V$$

$$CO_2(g) + 2H^+ + 2e^- \longrightarrow HCOOH \qquad E^\ominus = -0.61\ V$$

$$CO_2(g) + 2H^+ + 2e^- \longrightarrow CO + H_2O \qquad E^\ominus = -0.53\ V$$

$$CO_2(g) + 4H^+ + 4e^- \longrightarrow HCHO + H_2O \qquad E^\ominus = -0.48\ V$$

$$CO_2(g) + 6H^+ + 6e^- \longrightarrow CH_3OH + H_2O \qquad E^\ominus = -0.38\ V$$

$$CO_2(g) + 8H^+ + 8e^- \longrightarrow CH_4 + 2H_2O \qquad E^\ominus = -0.24\ V$$

$$2CO_2(g) + 8H^+ + 8e^- \longrightarrow CH_3COOH + 2H_2O \qquad E^\ominus = -0.31\ V$$

$$2CO_2(g) + 14H^+ + 14e^- \longrightarrow C_2H_6 + 4H_2O \qquad E^\ominus = -0.51\ V$$

光催化还原 CO_2 的反应系统目前有两种，即气相系统和液相系统。据报道，在气相光催化反应系统中的主要生成物为 CO 和 CH_4。而在液相光催化系统中的产物种类相对较多，包括 CH_3OH、CH_3COOH 和 HCOOH 等[19-20]。在液相光催化还原 CO_2 的系统中，参与反应的溶液为饱和的 CO_2 水溶液，因此其中涉及最主要的问题就是 CO_2 气体在水溶液中的溶解度较低导致了光催化效率的降低[21]。为了提高 CO_2 溶解度，一些研究人员在水溶液中添加 NaOH、$NaHCO_3$ 或者 Na_2CO_3 等，从而改进了液相光催化系统还原 CO_2 效率。此外利用增湿的 CO_2 参与到气相的光催化系统中同样能够起到提高光催化效率的作用。

1.4　光催化降解有机污染物

由于人口数量的大幅增长和工业的迅猛发展，各种人工合成的有机化学品造成的水污染时刻危害着人类的生存环境，已成为当今世界面临的最严重问题之一。发展高效、先进的污水处理技术来处理大多数有害物质造成的水污染是解决水污染问题的关键。高级氧化技术（advanced oxidation processes，AOPs），是通过各种光、声、电和磁等物理化学过程产生大量氧化活性极强的自由基（如·OH）来分解水中的污染物，使其最终氧化分解为 CO_2、H_2O 和其他矿物盐。这些能够分解水中污染物的反应自由基可以通过很多方法得到，包括超声合成、UV/H_2O_2、类 Fenton 氧化过程、电子束辐射、电化学氧化、光催化等[22-23]。在这些方法中，半导体材料的光催化过程由于具有适用范围广、处理效果好、反应成本低和操作条件易于控制等特点被认为是极为先进有效的分解清除水中有机污染物的方法之一。

自 1976 年 Carey 最早报道光催化分解联苯及氧化联苯以后，光催化氧化技术处理水中有机污染物的研究报道日益增多[24-25]。截至目前，大部分水中可能存在的主要有机污染物均已被尝试用光催化氧化技术进行分解处理，大量研究成果表明光催化氧化技术对于治理水中有机污染物具有良好的应用前景。染料是一类有毒且难降解的有机污染物，已成为水污染的主要来源之一。下面本书将对半导体光催化剂降解染料的基本原理进行简单介绍。

半导体光催化反应可以概括为 3 个反应过程，即光吸收产生电子-空穴对、光生载流子的分离和迁移、催化剂表面氧化还原反应。具体过程描述如下：

（1）在光照条件下，当入射光子的能量大于半导体催化剂的禁带宽度时，催化剂价带上的电子就会吸收能量跃迁至导带，同时在价带上留下空穴，此时在光催化剂的导带和价带上形成了光生电子-空穴对，和电荷复合：催化剂+$h\nu \rightarrow e^-_{(CB)} + h^+_{(VB)}$。电子-空穴对具有高催化活性，空穴具有良好的氧化能力，可以作为氧化剂，而电子具有很好的还原能力，可作为还原剂。

（2）界面处，在半导体催化剂自身电场的作用下，电子和空穴发生分离并迁移到催化剂表面。与此同时，很大一部分电子和空穴在到达表面的过程中或在表面位置上发生复合，以热（非辐射复合）或光发射（辐射复合）的形式耗散[26]。因此，电子和空穴的复合与其在表面参与的氧化还原反应是竞争关系，抑制电子和空穴的复合、促进电子和空穴向表面转移继而发生氧化还原反应，能够提高光催化效率。

（3）光生电子和空穴迁移到催化剂表面与底物发生催化反应，或反应生成其他活性物种间接与底物发生催化反应。光催化剂导带上的光生电子能够捕获 O_2 分子发生反应生成超氧自由基（$\cdot O_2^-$），继而生成过氧羟基自由基（·OOH），过氧羟基自由基之后分解为 H_2O_2 并最终形成羟基自由基（·OH），通过水电离过程产生的羟基自由基是一种化学活性非常强的氧化剂，其可以氧化吸附在光催化剂表面的有机污染物分子，最大限度地降低有机污染物的毒害作用。反应式如下[27-29]：

$$O_2 + e^-_{(CB)} \longrightarrow \cdot O_2^-$$

$$O_2 + \cdot O_2^- + H_2O \longrightarrow \cdot OOH$$

$$2 \cdot OOH \longrightarrow H_2O_2 + O_2$$

$$\cdot OOH + H^+ + e^-_{(CB)} \longrightarrow H_2O_2$$

$$H_2O_2 + e^-_{(CB)} \longrightarrow \cdot OH + - OH$$

光生电子和空穴迁移到半导体催化剂表面参与的反应：

$$h^+_{(VB)} + H_2O \longrightarrow \cdot OH + H^+$$

$$h^+_{(VB)} + OH^- \longrightarrow \cdot OH$$

在整个反应过程中也伴随着光生电子和空穴的复合：

$$e^-_{(CB)} + h^+_{(VB)} \longrightarrow 光 + 热$$

具有强氧化或还原能力的羟基自由基、超氧自由基、电子和空穴与染料分子发生反应：

$$染料 + \cdot O_2^- / \cdot OH \longrightarrow CO_2 + H_2O$$

$$染料 + h^+_{(VB)} \longrightarrow 氧化产物$$

$$染料 + e^-_{(CB)} \longrightarrow 还原产物$$

无论是光催化的氧化过程还是还原过程一般都发生在半导体光催化剂的表面，光催化分解有机染料的过程如图 1-6 所示。

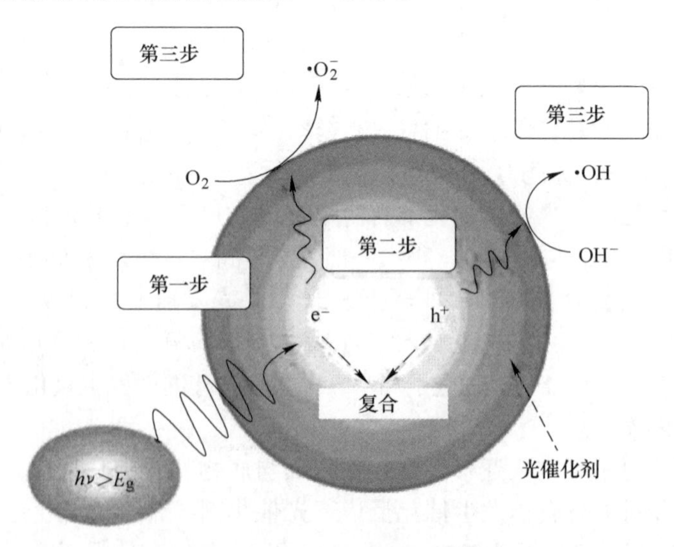

图 1-6　光催化反应过程示意图[30]

参 考 文 献

[1] DU P, EISENBERG R. Catalysts made of earth-abundant elements (Co, Ni, Fe) for water

splitting: Recent progress and future challenges [J]. Energ. Environ. Sci., 2012, 5 (3): 6012-6021.

[2] ZHANG J Z. Metal oxide nanomaterials for solar hydrogen generation from photoelectrochemical water splitting [J]. MRS Bulletin, 2011, 36: 48-55.

[3] SERPONE N, EMELINE A V, RYABCHUK V K, et al. Why do hydrogen and oxygen yields from semiconductor-based photocatalyzed water splitting remain disappointingly low? Intrinsic and extrinsic factors impacting surface redox reactions [J]. ACS Energy Lett., 2016, 1: 931-948.

[4] LIU W, YE H, BARD A J. Screening of novel metal oxide photocatalysts by scanning electrochemical microscopy and research of their photoelectrochemical properties [J]. J. Phys. Chem. C, 2010, 114 (2): 1201-1207.

[5] REN D, CUI X, SHEN J, et al. Study on the superhydrophilicity of the SiO_2-TiO_2 thin films prepared by sol-gel method at room temperature [J]. J. Sol-Gel. Sci. Techn., 2004, 29 (3): 131-136.

[6] FAJRINA N, TAHIR M. A critical review in strategies to improve photocatalytic water splitting towards hydrogen production [J]. Int. J. Hydrogen energy, 2019, 44: 540-577.

[7] MAEDA K, DOMEN K. New non-oxide photocatalysts designed for overall water splitting under visible light [J]. J. Phys. Chem. C, 2007, 111: 7851.

[8] WANG Q, DOMEN K. Particulate photocatalysts for light-driven water splitting: Mechanisms, challenges, and design strategies [J]. Chem. Rev., 2020, 120: 919.

[9] SIVULA K, FORMAL F L, GRÄTZEL M. Solar water splitting: progress using hematite (α-Fe_2O_3) photoelectrodes [J]. Chemsuschem, 2011, 4: 432-449.

[10] DENG F, ZOU J P, ZHAO L N, et al. Nanomaterials for the removal of pollutants and resource reutilization [M]. Amsterdam: Elsevier, 2019: 59-82.

[11] 陈琪. 太阳能水分解叠层器件的探究 [D]. 南京: 南京大学, 2018.

[12] DIAS P, SCHREIER M, TILLEY S, et al. Transparent cuprous oxide photocathode enabling a stacked tandem cell for unbiased water splitting [J]. Adv. Energy Mater., 2015, 5: 1501537.

[13] YOUNG J, STEINER M, DÖSCHER H, et al. Direct solar-to-hydrogen conversion via inverted metamorphic multi-junction semiconductor architectures [J]. Nat. Energy, 2017, 2: 17028.

[14] FU Z Y, YANG Q, LIU Z, et al. Photocatalytic conversion of carbon dioxide: From products to design the catalysts [J]. Journal of CO_2 Utilization, 2019, 34: 63-73.

[15] 由飞飞. 中空多壳层异质结构的设计及光催化 CO_2 还原性能研究 [D]. 北京: 中国科学院大学, 2021.

[16] JIAO X, ZHENG K, LIANG L, et al. Fundamentals and challenges of ultrathin 2D photocatalysts in boosting CO_2 photoreduction [J]. Chem. Soc. Rev., 2020, 49 (18): 6592-6604.

[17] LI K, PENG B, PENG T. Recent advances in heterogeneous photocatalytic CO_2 conversion to solar fuels [J]. Acs Catal., 2016, 6 (11): 7485-7527.

[18] GONG E, ALI S, HIRAGOND C B, et al. Solar fuels: Research and development strategies to accelerate photocatalytic CO_2 conversion into hydrocarbon fuels [J]. Energy Environ. Sci.,

2022, 15: 880.

[19] LEE D S, CHEN Y W. Photocatalytic reduction of carbon dioxide with water on $InVO_4$ with NiO cocatalysts [J]. J. CO_2 Util., 2015, 10: 1-6.

[20] ADEKOYA D O, TAHIR M, AMIN N A S. g-C_3N_4/(Cu/TiO_2) nanocomposite for enhanced photoreduction of CO_2 to CH_3OH and HCOOH under UV/visible light [J]. J. CO_2 Util., 2017, 18: 261-274.

[21] PARKINSON B. Advantages of solar hydrogen compared to direct carbon dioxide reduction for solar fuel production [J]. ACS Energy Lett., 2016, 1: 1057-1059.

[22] HUBER MM, CANONICA S, PARK G Y, et al. Oxidation of pharmaceuticals during ozonation and advanced oxidation processes [J]. Environ. Sci. Technol., 2003, 37 (5): 1016-1024.

[23] MARTÍNEZ-HUITLE C A, FERRO S. Electrochemical oxidation of organic pollutants for the wastewater treatment: Direct and indirect processes [J]. Chem. Soc. Rev., 2006, 35: 1324-1340.

[24] SUN N, MA J, WANG C, et al. A facile and efficient method to directly synthesize TiO_2/rGO with enhanced photocatalytic performance [J]. Superlattice Microst., 2018, 121: 1-8.

[25] BIELSKI B H J, CABELLI D E, ARUDI R L, et al. Reactivity of HO_2/O_2^- radicals in aqueous solution [J]. J Phys. Chem. Ref. Data, 1985, 14 (4): 1041-1100.

[26] GERSHON T, SHIN B, BOJARCZUK N, et al. The role of sodium as a surfactant and suppressor of non-radiative recombination at internal surfaces in Cu_2ZnSnS_4 [J]. Adv. Energy Mater., 2015, 5 (2): 1400849.

[27] 李超群. 氯氧铋基光催化材料的原位定向合成及其在光催化染料电池的应用 [D]. 长春: 吉林大学, 2021.

[28] 郑茹. TiO_2 基光催化剂协同的高级氧化技术对水中有机污染物降解性能研究 [D]. 上海: 上海师范大学, 2022.

[29] SINGH S, MAHALINGAM H, SINGH P K. Polymer-supported titanium dioxide photocatalysts for environmental remediation: A review [J]. Appl. Catal. A-Gen., 2013, 462-463: 178-195.

[30] BISARIA K, SINHA S, SINGH R, et al. Recent advances in structural modifications of photo-catalysts for organic pollutants degradation—A comprehensive review [J]. Chemosphere, 2021, 131263.

2 $ZnIn_2S_4$ 光催化剂的制备技术

2.1 引　言

自 1972 年 Fujishima 和 Honda 研究发现金属氧化物半导体 TiO_2 可以作为光催化剂进行光催化分解水以来[1]，TiO_2 因具有廉价、无毒以及化学稳定性好等优点在过去几十年中成为光催化技术研究的明星材料。然而，大量研究表明 TiO_2 的一些缺点严重地阻碍了其在实际中的应用，例如 TiO_2 带隙较宽（3.2 eV）[2]，在自然环境中只能吸收紫外光或近紫外光，而在太阳光谱中，绝大部分光为可见光和红外光，紫外光只占太阳光谱的3%~5%，因而 TiO_2 对于太阳光的利用率很低。此外，单一 TiO_2 催化剂中光生电子-空穴对的快速复合也限制了其光催化效率。为此，人们尝试采用多种方法来拓宽 TiO_2 基光催化剂的光吸收范围，提高其催化效率，如离子掺杂、表面修饰、贵金属沉积、量子点敏化、与其他半导体构建异质结构等[3-5]。另外，发展新型高效可见光响应的光催化剂吸引了科研工作者越来越多的注意。到目前为止，人们已经开发出各种可见光响应光催化材料，如金属氧化物（Fe_2O_3、WO_3、NiO、$BiVO_4$ 等[6-7]）、金属硫化物（CdS、Ni_2S_3、MoS_2 等[8-9]）、具有石墨相结构的 g-C_3N_4 材料等[10]。

在众多的可见光响应的光催化材料中，金属硫化物半导体，特别是三元金属硫化物半导体材料，由于其合适的导带位置、较窄的带隙宽度和相对稳定的化学性质而被广泛研究。$ZnIn_2S_4$、$CaIn_2S_4$、$CdIn_2S_4$ 是几种典型的可见光响应三元金属硫化物半导体光催化剂。对比其他三元硫化物（$CuGaS_2$、$Zn_3In_2S_6$ 等），它们在制备过程中前驱物的选择更加广泛，化学组分更加简单。特别地，自从 Lei 等在 2003 年报道了 $ZnIn_2S_4$ 光催化剂的制备和光催化分解水应用后，$ZnIn_2S_4$ 基光催化剂开始得到科研工作者越来越多的关注[11]。$ZnIn_2S_4$ 已经在光水解制氢、光催化还原 CO_2 和光催化处理废水污染物等领域获得了广泛的研究和应用，并且展现出广阔的应用前景。基于 $ZnIn_2S_4$ 半导体材料优异的光催化性能以及快速的研究发展，本章将重点介绍 $ZnIn_2S_4$ 半导体光催化剂的晶体结构、物理化学特性、制备技术及其在光催化制氢、降解有机污染物以及还原 CO_2 方面的应用情况。

2.2　$ZnIn_2S_4$ 的基本性质

2.2.1　$ZnIn_2S_4$ 的晶体结构

$ZnIn_2S_4$ 是一种具有层状结构的半导体材料，晶体内部原子按照 S—In—S—In—S—Zn—S 的顺序排列（见图 2-1）。通常，$ZnIn_2S_4$ 具有 3 种不同的晶体结构，包括六方相（$P6_3mc$，$a=b=0.385$ nm，$c=2.468$ nm，$\alpha=\beta=90°$，$\gamma=120°$）、立方相（$Fd\bar{3}m$，$a=b=c=1.06$ nm，$\alpha=\beta=\gamma=90°$）和菱方相（$R\bar{3}m$，$a=b=0.387$ nm，$\alpha=\beta=90°$，$\gamma=120°$），如图 2-1 所示[12]。对于六方结构的 $ZnIn_2S_4$，Zn 原子和一半的 In 原子与周围的 S 原子形成四面体配位，其余一半的 In 原子与 S 原子八面体配位。立方结构的 $ZnIn_2S_4$ 中，Zn 原子与 S 原子四面体配位，In 原子与 S 原子八面体配位。而对于三角晶系的 $ZnIn_2S_4$ 晶体，Zn 原子与 S 原子形成四面体配位，In 原子与 S 原子形成四面体或八面体配位，层内 In—S 键和 Zn—S 键很强，层间 S—S 键较弱[13]。

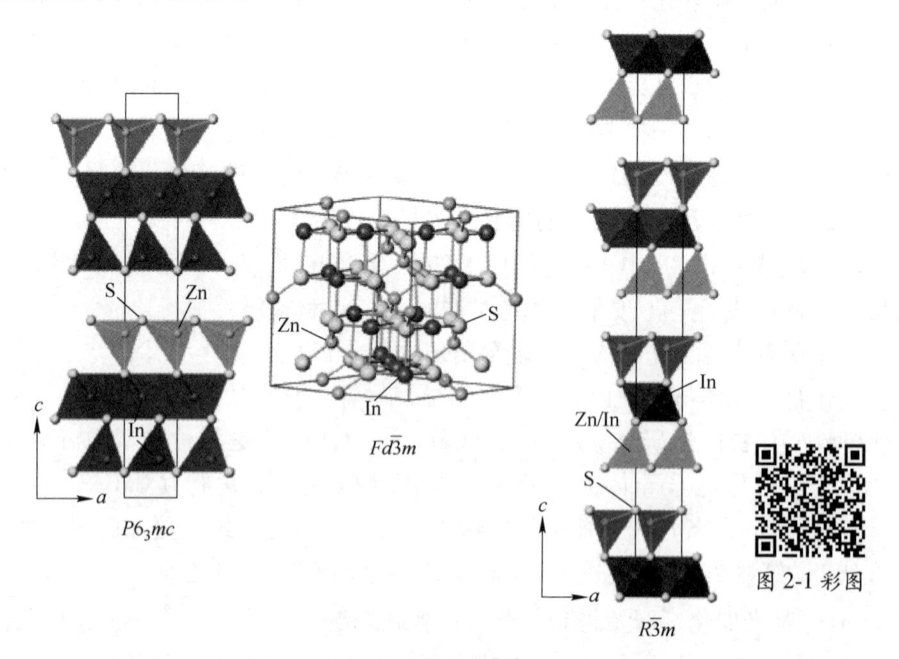

图 2-1　$ZnIn_2S_4$ 的晶体结构[12]

目前，六方相和立方相的 $ZnIn_2S_4$ 材料是人们研究的热点，关于菱方相的报道则相对较少。通常认为六方相 $ZnIn_2S_4$ 为稳定相，而立方相 $ZnIn_2S_4$ 为高压相。Range 等发现在 400℃、4 MPa 的高压下保温 2 h 后，$ZnIn_2S_4$ 由六方相转变为立方相。而在真空或空气中，500 ℃加热后又会从立方相转变为六方相[14]。Shen 等将硫化温度从 400 ℃提升到 800 ℃，立方相 $ZnIn_2S_4$ 转变为菱方相[15]。Chen 等则在研究中发现可以在制备 $ZnIn_2S_4$ 材料时通过选择不同的金属前驱物来控制 $ZnIn_2S_4$ 产物的结构。如果利用硝酸盐化合物来制备 $ZnIn_2S_4$，其产物通常为立方相，而将前驱物换成金属卤盐时，得到的 $ZnIn_2S_4$ 则具有六方结构，这说明金属离子前驱物对于晶体结构有着重要的影响[16]。

对于同一种材料，通常可以通过改变晶体结构来调节材料的性质，这种技术可以在不引入其他原子掺杂的情况下改变材料的物理和化学性质，从而扩大材料的应用范围。不同晶型的 $ZnIn_2S_4$ 材料具有不同的物理和化学性质，据文献报道，六方晶型的 $ZnIn_2S_4$ 具有光致发光和光电导特性，而立方晶型的 $ZnIn_2S_4$ 材料则展现出良好的热电特性[17-19]。此外，六方相和立方相 $ZnIn_2S_4$ 材料都具有光催化制氢和光催化分解有机污染物的性质。现阶段对六方相 $ZnIn_2S_4$ 的光催化性质研究多于立方相 $ZnIn_2S_4$。关于菱方相 $ZnIn_2S_4$ 的报道不多，但是最近一些课题组也针对菱方相 $ZnIn_2S_4$ 材料展开了研究，例如 Yang 等研究了其在可见光下的光响应特性[20]。

2.2.2 $ZnIn_2S_4$ 光催化剂的形貌特征

众所周知，材料的尺寸、形貌和维度对其光电特性具有重要影响。目前文献已经报道了具有不同形貌和维度的 $ZnIn_2S_4$ 材料，包括：零维的 $ZnIn_2S_4$ 纳米颗粒、量子点[21-22]；一维的 $ZnIn_2S_4$ 纳米线、纳米管和纳米带[23-24]；二维的 $ZnIn_2S_4$ 纳米片、由 $ZnIn_2S_4$ 纳米片组成的薄膜等[25-26]；三维花状的 $ZnIn_2S_4$ 多孔球、空心球、簇状结构等[27-29]。图 2-2 中展示了部分文献报道的具有不同形貌特征的 $ZnIn_2S_4$ 材料，通过控制表面活性剂、溶剂和反应温度等实验条件可以生长出具有不同形貌特征和维度的 $ZnIn_2S_4$ 材料。零维 $ZnIn_2S_4$ 纳米颗粒或者量子点由于具有明显的量子尺寸，与体材料相比带隙较宽，光生电子和空穴的还原能力较强，从而光催化特性较好。一维 $ZnIn_2S_4$ 材料（纳米管、纳米带等）有利于载流子的快速传输，能够快速分离电子-空穴对，避免载流子的复合。但是截至目前，关于一维形貌 $ZnIn_2S_4$ 的报道仍比较少，这可能与其不易于形成一维形貌的生长习性有关。由于具有特殊的层状结构，目前关于二维形貌 $ZnIn_2S_4$ 的报道相对较多。二维 $ZnIn_2S_4$ 纳米片的片层之间存在光的散射效应，有助于提高催化剂的光吸收效率，而且具有更大的比表面积和表面悬键，在光催化反应过程中能够提供更多的催化反应活性位点。近几年的研究发展中，具有片状结构的 $ZnIn_2S_4$ 材料已经在光催化应用中得到了广泛的研究，特别是具有二维结构的 $ZnIn_2S_4$ 薄膜材料，不仅具有二维材料的基本性质，同时还方便在反应结束后回收和再利用。对于三维的 $ZnIn_2S_4$ 材料也已经有很多的报道，通常文献报道的都是具有特殊形貌

的 $ZnIn_2S_4$ 三维结构，如花状的 $ZnIn_2S_4$ 多孔球等，其多孔结构有利于吸附和固定溶液中的污染物，提供足够的光催化反应活性位点，从而提高材料对有机分子的矿化程度。

图 2-2　不同形貌特征的 $ZnIn_2S_4$

(a) 量子点[21]；(b) 纳米管[24]；(c) 纳米片[25]；(d) 微球[27]；(e) 花状球[28]；(f) 纳米片薄膜[26]

2.3　$ZnIn_2S_4$ 光催化剂的制备方法

早在 1969 年，Shand 等首次报道了采用 Bridgman-Stockbarger 技术制备 $ZnIn_2S_4$[30]。继而，人们发展了多种制备方法来合成 $ZnIn_2S_4$，例如水热法、溶剂热法、微波辅助合成法、硫化法、模板法、旋涂法、喷雾热解法、溶胶凝胶法、热注射法等。不同的制备方法、制备条件会对 $ZnIn_2S_4$ 的晶体结构、形貌、电学性质和光学特性产生重要影响。本书归纳了目前比较常用的 $ZnIn_2S_4$ 微/纳米结构的合成方法，根据不同的化学反应参数、反应溶剂和反应热源，将 $ZnIn_2S_4$ 微/纳米结构的制备方法分为 4 类，分别为水热法、溶剂热法、微波辅助合成法以及其他的合成方法。在众多的合成方法中，水热法是用来制备 $ZnIn_2S_4$ 微/纳米结构的最常用方法，其反应环境较温和，可以通过改变反应时间、温度、前驱物、表面活性剂以及 pH 值等调节产物物性。本节将对目前常用的 $ZnIn_2S_4$ 合成方法进行介绍。

2.3.1 水热法

水热法将反应集中在具备高温、高压的密闭反应釜中进行，与传统的固态反应相比，操作简单、环境友好、产量高、成本低且产物纯度高、结晶性好。通常通过改变反应条件如温度、反应前驱物、pH 值、表面活性剂等就可以获得不同形貌特征的 $ZnIn_2S_4$ 晶体。2003 年，人们首次采用水热法合成了 $ZnIn_2S_4$ 纳米颗粒[11]。此后，采用水热法制备 $ZnIn_2S_4$ 的报道日益增多，目前，采用该方法已经合成了多种纳米结构的 $ZnIn_2S_4$，如量子点、纳米颗粒、纳米片（薄膜）、纳米盘、花状微球、纳米空心球等。

Wang 等以六方相 $ZnIn_2S_4$ 微球为载体，采用水热法合成了立方相 $ZnIn_2S_4$ 量子点。以 $Zn(NO_3)_2 \cdot 6H_2O$、$In(NO)_3 \cdot 4.5H_2O$ 和硫代乙酰胺（TAA）作为反应前驱物，120 ℃下反应 10 h，得到 $ZnIn_2S_4$ 量子点平均直径为 3~6 nm，且均匀分散在 $ZnIn_2S_4$ 微球表面。通过调节反应前驱物的浓度，控制立方相 $ZnIn_2S_4$ 量子点与六方相 $ZnIn_2S_4$ 的比例。随着反应前驱物浓度增大，六方相 $ZnIn_2S_4$ 片载体的厚度也不断增加，表明其表面上立方相量子点数量增多。相比于单纯的六方相 $ZnIn_2S_4$ 微球，担载立方相 $ZnIn_2S_4$ 量子点的样品比表面积增大、电荷转移能力增强，因此产氢效率得到大幅度提高[21]。

Peng 等以 $ZnSO_4 \cdot 7H_2O$、$InCl_3 \cdot 4H_2O$ 和 TAA 作为反应前驱物，160 ℃条件下在透明导电玻璃（fluorine-doped tin oxide，FTO）衬底上水热合成了六方相 $ZnIn_2S_4$ 纳米片薄膜。通过控制反应时间，得到不同反应阶段的产物，并通过扫描电子显微镜技术观测了 $ZnIn_2S_4$ 纳米晶从成核到成为纳米片的生长过程。在反应初始阶段（30 min），只有 $ZnIn_2S_4$ 纳米粒子生长在 FTO 表面，直至反应进行到 6 h 时，才开始出现 $ZnIn_2S_4$ 片，并展现出向整个 FTO 表面扩展生长的趋势。到反应进行 12 h 时，已经在 FTO 衬底上形成均匀致密的 $ZnIn_2S_4$ 纳米片，这些纳米片互相交错生长，厚度约为 30 nm，片与片之间的空隙为 300~1000 nm。整个薄膜的厚度约为 4 μm，与 FTO 衬底结合得非常紧密。18 h 后，薄膜表面变得不均匀，部分区域出现了纳米片组装的花状结构。生长 24 h 后，这些花状结构演变成微球形貌，覆盖在纳米片薄膜的表面，同时薄膜与 FTO 衬底的结合变差。将光催化剂直接生长在导电衬底上，开展光电催化特性研究，排除了粉末态样品在分析过程中涉及的制浆、涂覆等电极制备过程对实验结果的影响，同时在催化反应结束后方便回收，避免造成二次污染。但在制备催化剂薄膜过程中，需要加强对衬底表面的处理，文中作者使用 piranha 处理 FTO 衬底，在其表面形成大量的—OH，并通过无水乙醇去质子化处理，留下带负电的氧离子。在水热反应体系中，这些氧离子与 Zn 离子和 In 离子结合，继而成核生长，因此薄膜与衬底结合紧密。而未经处理的 FTO 衬底直接用于水热生长后，$ZnIn_2S_4$ 纳米片对 FTO 衬底的覆盖程度变差[26]。

水热过程中反应前驱物种类、浓度等也会影响产物的形貌和特性。Chen 等采用水热法以 $Zn(NO_3)_2 \cdot 6H_2O$、$In(OH)_3 \cdot 4.5H_2O$ 和两种硫源［硫代乙酰胺（TAA）或半胱氨酸（cysteine）］作为反应前驱物都合成了由大量超薄纳米片构成的 3D $ZnIn_2S_4$ 微球。但不同硫源制备样品的形貌和特性各不相同，使用 cysteine 时产物为均匀、实心的球形形貌，使用 TAA 时产物为 $ZnIn_2S_4$ 不规则微球，且在微球周围存在一些超薄棉絮状的纳米片。两种微球比较而言，使用 TAA 时获取 $ZnIn_2S_4$ 微球的比表面积更大、晶粒尺寸小且纳米片更薄，电荷转移更快，因此其光催化降解甲基橙染料（MO）的效率更高[31]。

另外，水热反应中表面活性剂对于 $ZnIn_2S_4$ 的晶体生长具有重要作用，利用有机物表面活性剂作为 $ZnIn_2S_4$ 生长的"软模板"或生长导向剂同样可以制备出 $ZnIn_2S_4$ 微球。Gou 等采用水热法以 $ZnSO_4 \cdot 7H_2O$、$InCl_3 \cdot 4H_2O$ 和 TAA 作为反应前驱物，在阳离子表面活性剂 CTAB 或者非离子型表面活性剂 PEG-6000 的辅助下制备了 $ZnIn_2S_4$ 实心或空心微球。当使用 CTAB 作为表面活性剂时，得到的是结实的具有单分散性的 $ZnIn_2S_4$ 微球，平均直径约为 2 μm。而且经超声处理后，仍保持微球形貌。采用 PEG-6000 为表面活性剂生长 $ZnIn_2S_4$ 时，得到的是由纳米线组成的开放的中空微球，其直径分布较大，为 500 nm～10 μm。而且经过超声处理后，微球逐渐分散，呈现直径为 20～40 nm、长度为数十微米的纳米线形貌特征，说明产物是由纳米线缠绕而成。由于 CTAB 具有特殊的分子结构（亲水头基和疏水烷基链尾部），会自组装形成球状胶团，与溶液中的 Zn^{2+}、In^{3+} 和 TAA 结合，继而在胶团里 $ZnIn_2S_4$ 成核与生长，当 CTAB 分解后，就形成了结实均匀的 $ZnIn_2S_4$ 微球。利用表面活性剂 PEG 合成 $ZnIn_2S_4$ 的微球形貌明显与 CTAB 辅助生长的 $ZnIn_2S_4$ 微球不同，这是因为在反应体系中，PEG 分子以长链状形式存在，$ZnIn_2S_4$ 的成核与生长过程中受到 PEG 长链的限制，导致其生长各向异性，形成纳米线形貌。又由于 PEG 长链弯曲交织在一起，当 PEG 分子链被移除后，在溶液中就形成了由 $ZnIn_2S_4$ 纳米线组成的松散的 $ZnIn_2S_4$ 微球[2]。

2.3.2　溶剂热法

溶剂热法是在具有一定温度和压力的密闭体系中，以有机物或非水溶媒为溶剂，前驱物进行反应的一种合成方法，也是目前用来制备 $ZnIn_2S_4$ 微/纳米结构的常用方法之一。反应体系中溶剂的基本特性如酸碱性、表面张力、黏度、疏水性、配位以及偶极矩等都会对产物的形貌产生至关重要的影响。利用溶剂热法可以制备出具有不同形貌特征的 $ZnIn_2S_4$ 晶体，如纳米管、纳米带、微球、微束、花状、具有 3D 柿子状结构形貌等。

Gou 等利用溶剂热法以 $ZnSO_4 \cdot 7H_2O$、$InCl_3 \cdot 4H_2O$ 和 TAA 作为反应前驱

物，在 pyridine(Py) 溶液中制备了具有纳米管和纳米带形貌的 $ZnIn_2S_4$ 材料。反应时间和温度对 $ZnIn_2S_4$ 产物的形貌具有重要影响。当温度为 120~160 ℃时，$ZnIn_2S_4$ 产物形貌为纳米带状［见图 2-3（a）］。当温度升高到 180 ℃并延长反应时间后，$ZnIn_2S_4$ 变成纳米管状，如图 2-3（b）所示。文中分析了 $ZnIn_2S_4$ 纳米管和纳米带可能的形成机制，包括晶体成核和晶体生长过程。首先在反应初期，反应前驱物 $ZnSO_4 \cdot 7H_2O$、$InCl_3 \cdot 4H_2O$ 和 TAA 发生化学反应形成 $ZnIn_2S_4$ 晶核，这是一个自发成核的过程。随后，$ZnIn_2S_4$ 在溶液中开始各向异性生长，形成具有片状结构的 $ZnIn_2S_4$ 晶体。最后，在较高的温度和较长的反应时间条件下，片层状产物发生卷曲，形成管状结构，而较低温度下则通常形成带状结构。溶剂 pyridine 对反应的作用至关重要，实验过程如果将 pyridine 溶液换成水、酒精、四氢呋喃或乙腈溶液时，即使其他反应条件不变，也不能得到 $ZnIn_2S_4$ 纳米管或纳米带。这些溶剂的酸碱度、表面张力、极性和黏度等多种因素都可能会影响溶剂热产物的形貌[23]。

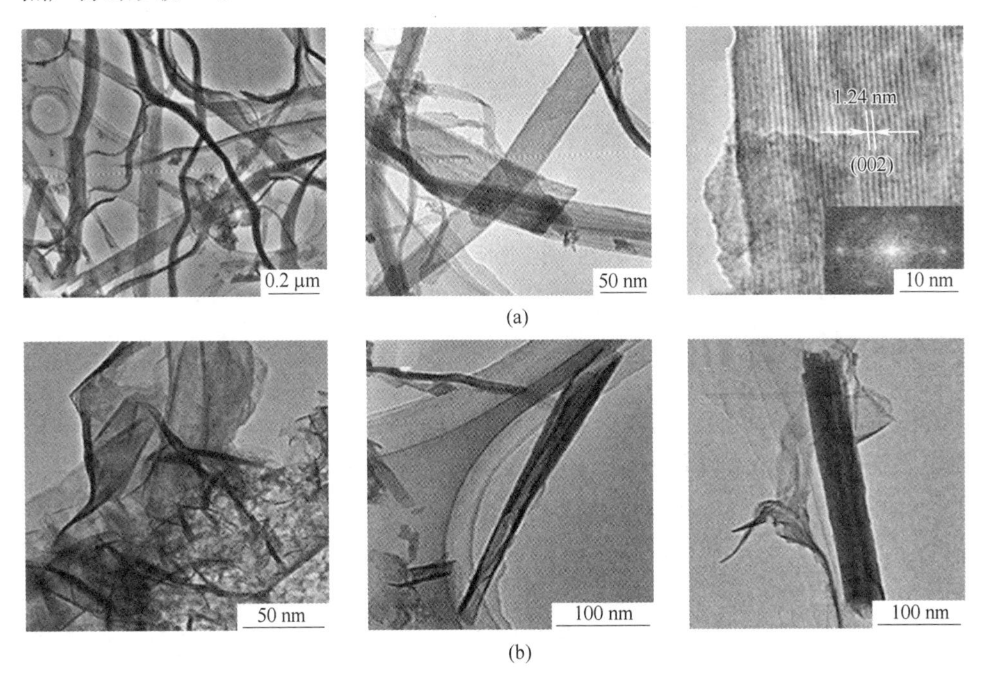

图 2-3 纳米带（a）和纳米管（b）

Wang 等以水和乙醇的混合溶液作为溶剂，$Zn(AC)_2 \cdot 2H_2O$、$InCl_3 \cdot 4H_2O$ 和 TAA 为反应前驱物制备了由纳米花瓣构成的 $ZnIn_2S_4$ 绒球。调控溶剂中水的含量，产物形貌发生了一系列变化。当溶剂完全为乙醇时，得到的产物是直径为 400 nm 的均匀颗粒。当溶剂中加入 0.5 mL 水时，产物中同时出现了直径为

1.5 μm的微球和不规则颗粒。继续增大水量至 1.5 mL(乙醇 10.5 mL)，得到的是由厚度为 40 nm 的纳米花瓣构成的花状 $ZnIn_2S_4$ 绒球，球体直径达到 5 μm。当水量达到 3 mL 时，产物仍保持花状微球形貌，但其中纳米花瓣变得更加密集。而仅以水作为溶剂时，得到的是无规则的破碎的微球。可见，溶剂中醇水组分不同，则会造成试剂和反应中间体的溶解性、反应活性和扩散行为等各不相同，从而得到的产物形貌也不同[27]。

Shen 等采用溶剂热法，以 $Zn(AC)_2$、$InCl_3$ 和 CS_2 为反应前驱物，以四氢呋喃为溶剂，以油胺（oleylamine，OA）为封端剂，合成了具有柿子状形貌的 $ZnIn_2S_4$ 三维分级结构。柿子状 $ZnIn_2S_4$ 由纳米薄片（厚 60 nm）组装而成，尺寸约为250 nm，产物分散性好且尺寸均匀。在反应初期，金属离子 Zn^{2+} 和 In^{3+} 与 OA 形成配合物 Zn-OA 和 In-OA，这能防止金属离子与溶剂中的 S^{2-} 直接反应形成 ZnS 和 In_2S_3。而后，溶剂中的 S^{2-} 与这些配合物缓慢地发生化学反应形成 $ZnIn_2S_4$ 晶核，与此同时，这些配合物也有利于后续 $ZnIn_2S_4$ 晶体的可控生长。由于 $ZnIn_2S_4$ 具有六方结构并且有封端剂 OA 吸附在 $ZnIn_2S_4$ 特殊晶面上产生位阻效应，因此生成了尺寸较小的片状 $ZnIn_2S_4$ 晶体。最后这些 $ZnIn_2S_4$ 纳米片在溶液中自组装形成柿子状三维分级结构[32]。

2.3.3　微波辅助合成法

微波辅助的水热/溶剂热法利用微波作为加热工具，实现分子水平上的搅拌，是一种近年来出现的新方法。微波辐射加热可以克服传统水热/溶剂热容器加热不均匀的缺点，缩短反应时间，降低反应温度，无温度梯度、无滞后效应、节能且环保。与传统制备方法相比，微波辅助合成法具有大规模、高质量生产的工业化应用前景。Hu 等在没有使用表面活性剂、催化剂和模板的情况下，利用微波辅助加热的溶剂热法在 200 ℃条件下反应 10 min 即合成了多孔结构的 $ZnIn_2S_4$ 亚微球，产物粒径均匀，约为 0.6 μm。实验中所使用的溶剂乙二醇是一种具有优异微波吸收特性的溶剂，因此以乙二醇作为反应溶剂的体系在微波加热中活动吸收热量更快，明显地缩短了化学反应时间。多孔球状的 $ZnIn_2S_4$ 晶体生长包括两个过程，即成核和自组装生长。当 $ZnIn_2S_4$ 晶核形成后，六方晶系结构 $ZnIn_2S_4$ 晶体很快就会因各向异性生长形成类纤维状，最后这些纤维状体中间结构会盘卷在一起形成多孔多级的 $ZnIn_2S_4$ 晶体。大量孔隙增加了材料的光捕获效率，可见光催化特性也随之提高[28]。

Chen 等利用微波辅助的水热方法制备了菊花状的 $ZnIn_2S_4$ 微球，平均直径为 2 μm。整个实验过程不需要反应模板，操作方便，并且仅仅需要 10 min。在不同的反应温度条件下（80~195 ℃）得到样品的光学特性基本一致。但样品的比表面积随反应温度升高而增大，这与普通水热样品所呈现的规律是相反的。作者分析可能是因为在微波反应体系中，随温度升高，TAA 的分解速率快且分解剧烈，因此会产生更多的气泡，这种“气泡效应”导致了这种反常现象。与普通水热样品相比，微波辅助获得的样品具备更好的光催化活性，这可能是由于微波辐射下样品存在较多缺陷[33]。

2.3.4 其他合成方法

除了上面讨论的几种常见的合成方法外，还有很多制备 $ZnIn_2S_4$ 微/纳米结构（薄膜）的方法，例如电化学沉积法、硫化法、喷雾热解法、化学气相沉积法、化学水浴沉积法以及热注射法等。

电化学沉积法是在电场作用下，在电解质溶液中发生氧化还原反应，使溶液中的离子沉积到阴极或阳极表面而得到薄膜或涂层的过程。电化学沉积法通常在室温或稍高于室温的条件下进行，适用于各种形状的基体材料，通过控制沉积条件如电流、浓度和沉积时间等调控产物特性。电化学沉积法制备半导体薄膜多为多晶态或非晶态。Assaker 等采用电化学沉积法，以 $ZnCl_2$、$InCl_3$ 和 $Na_2S_2O_3$ 作为反应前驱物，在 ITO 衬底上室温条件下制备了 $ZnIn_2S_4$ 薄膜。通过调节沉积电位，控制薄膜的形貌、晶粒的尺寸和粗糙度。沉积电位越高，则晶粒尺寸和粗糙度越大。在-1050 mV(vs. Ag/AgCl) 沉积电位下，样品的结晶性最好，带隙宽度为 2.5 eV[34]。

喷雾热解技术是将含金属离子的溶液经雾化喷向热玻璃基板，随着溶剂的挥发，溶质在基板上发生热分解反应而形成薄膜，是一种经济、方便、安全的薄膜制备方法。Li 等以 $ZnCl_2$、$InCl_3$ 和 $(NH_2)_2CS$ 为反应前驱物，通过喷雾热解过程在 ITO 导电玻璃基片上制备了立方结构的 $ZnIn_2S_4$ 薄膜。如图 2-4 所示，随硫脲用量增大，$ZnIn_2S_4$ 薄膜与基片结合更加紧密，晶粒尺寸由 120 nm 变化到 200 nm，薄膜表面平整，没有出现裂纹和针孔[35]。

(a)

(b)

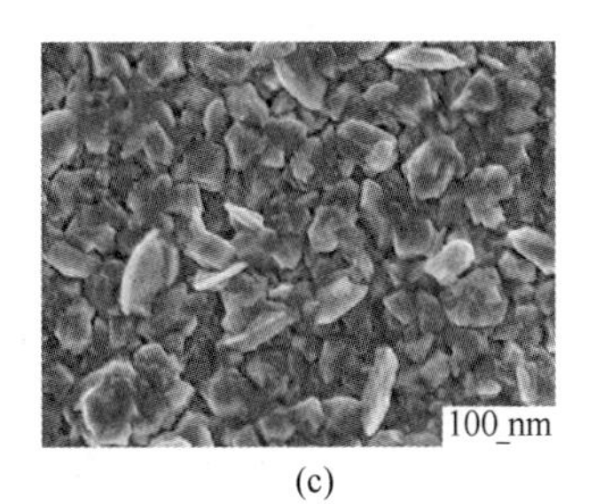

(c)

图 2-4 不同硫脲用量所制备的 $ZnIn_2S_4$ 薄膜[35]

(a) 符合化学计量比；(b) 10%过量；(c) 20%过量

2.4　本章小结

以上介绍了单纯的 $ZnIn_2S_4$ 材料的制备技术，操作方便、成本低廉的水热法和溶剂热法是目前获取 $ZnIn_2S_4$ 晶体最为常用的两种方法，而且目前这些方法已经被广泛地借鉴和应用到基于 $CaIn_2S_4$ 和 $CdIn_2S_4$ 等材料的制备当中。由于反应参数和反应环境对 $ZnIn_2S_4$ 晶体的结构和形貌起着决定性的作用，因此需要选择合适的合成方法准确控制 $ZnIn_2S_4$ 的结构和形貌，以满足不同应用领域对 $ZnIn_2S_4$ 晶体的要求。水热法能够用于具有缺陷 $ZnIn_2S_4$ 晶体的制备，以此提高光催化活性。为缩短反应时间、降低反应温度，可选择微波辅助加热的水/溶剂热方法。针对特殊形貌要求，可以在水热法、溶剂热法及其他湿反应过程中引入模板等。总之就是要开发和利用低成本、高效率、绿色的合成方法，满足材料设计要求，制备出高效的 $ZnIn_2S_4$、$CaIn_2S_4$ 和 $CdIn_2S_4$ 等光催化剂用于可持续的能源转换及环境治理。

参考文献

[1] FUJISHIMA A, HONDA K. Electrochemical photolysis of water at a semiconductor electrode [J]. Nature, 1972, 238: 37-38.

[2] TSUJI H, SAKAI N, SUGAHARA H, et al. Silver negative-ion implantation to sol-gel TiO_2 film for improving photocatalytic property under fluorescent light [J]. Nucl. Instrum. Meth. A, 2005, 237 (1/2): 433-437.

[3] WANG C, CHEN Z, JIN H, et al. Enhancing visible-light photoelectrochemical water splitting through transitionmetal doped TiO_2 nanorod arrays [J]. J. Mater. Chem. A, 2014, 2: 17820-17827.

[4] HSIEH P Y, CHIU Y H, LAI T H, et al. TiO_2 nanowire-supported sulfide hybrid photocatalysts for durable solar hydrogen production [J]. ACS Appl. Mater. Interfaces, 2019, 11: 3006-3015.

[5] LEE Y L, CHI C F, LIAU S Y. CdS/CdSe co-sensitized TiO_2 photoelectrode for efficient hydrogen generation in a photoelectrochemical cell [J]. Chem. Mater., 2010, 22: 922-927.

[6] MA Z, SONG K, WANG L, et al. WO_3/$BiVO_4$ Type-Ⅱ heterojunction arrays decorated with oxygen-deficient ZnO passivation layer: A highly efficient and stable photoanode [J]. ACS Appl. Mater. Interfaces, 2019, 11: 889-897.

[7] HOU Y, ZUO F, DAGG A, et al. A three-dimensional branched cobalt-doped α-Fe_2O_3 nanorod/$MgFe_2O_4$ heterojunction array as a flexible photoanode for efficient photoelectrochemical water oxidation [J]. Angew. Chem. Int. Ed., 2013, 52: 1248-1252.

[8] HO T A, JOE C B J, YANG H, et al. Heterojunction photoanode of atomic-layer-deposited MoS_2 on single crystalline cds nanorod arrays [J]. ACS Appl. Mater. Interfaces, 2019, 11: 37586-37594.

[9] YU C, MAO D, XIA F, et al. Formation of SnS_2/Ni_2S_3 heterojunction on three-dimensional nickel framework for treating chromium (Ⅵ) -containing wastewater [J]. Mater. Res. Express, 2017, 4: 115023.

[10] FU J, YU J, JIANG C, et al. g-C_3N_4-based heterostructured photocatalysts [J]. Adv. Energy Mater., 2018, 8: 1701503.

[11] LEI Z B, YOU W S, LIU M Y, et al. Photocatalytic water reduction under visible light on a novel $ZnIn_2S_4$ catalyst synthesized by hydrothermal method [J]. Chem. Commun., 2003 (17): 2142-2143.

[12] LIAO C, LI J, ZHANG Y, et al. Visible light driven photocatalytic H_2 generation property of trigonal $ZnIn_2S_4$ prepared by high temperature solid state reaction [J]. Mater. Lett., 2019, 248: 52.

[13] PAN Y, YUAN X, JIANG L, et al. Recent advances in synthesis, modification and photocatalytic applications of micro/nano-structured zinc indium sulfide [J]. Chem. Eng. J., 2018, 354: 407-431.

[14] RANGE K J, BECKER W, WEISS A. Eine hochdruckphase des $ZnIn_2S_4$ mit spinellstruktur [J]. Z. Naturforsch. B, 1969, 24: 811.

[15] SHEN S, GUO P, ZHAO L, et al. Insights into photoluminescence property and photocatalytic activity of cubic and rhombohedral $ZnIn_2S_4$ [J]. J. Solid. State. Chem., 2011, 184: 2250-2256.

[16] CHEN Y, HU S, LIU W, et al. Controlled syntheses of cubic and hexagonal $ZnIn_2S_4$ nanostructures with different visible-light photocatalytic performance [J]. Dalton. Trans., 2011, 40: 2607-2613.

[17] ROMEO N, DALLATURCA A, BRAGLIA R, et al. Charge storage in $ZnIn_2S_4$ single crystals [J]. Appl. Phy. Lett., 1973, 22: 21-22.

[18] MORA S, PAORICI C, ROMEO N. Properties of the ternary compound $ZnIn_2S_4$ at high electric field [J]. J. Appl. Phys., 1971, 42: 2061-2064.

[19] SRIRAM M, MCMICHAEL P, WAGHRAY A, et al. Chemical synthesis of the high-pressure cubic-spinel phase of $ZnIn_2S_4$ [J]. J. Mater. Sci., 1998, 33: 4333-4339.

[20] YANG W, LIU B, FANG T, et al. Layered crystalline $ZnIn_2S_4$ nanosheets: CVD synthesis and photo-electrochemical properties [J]. Nanoscale, 2016, 8: 18197-18203.

[21] WANG J, CHEN Y, ZHOU W, et al. Cubic quantum dot/hexagonal microsphere $ZnIn_2S_4$ heterophase junction for exceptional visible-light-driven photocatalytic H_2 evolution [J]. J. Mater. Chem. A, 2017, 5: 8451.

[22] PENG S, LI L, WU Y, et al. Size-and shape-controlled synthesis of $ZnIn_2S_4$ nanocrystals with high photocatalytic performance [J]. CrystEngComm, 2013, 15: 1922-1930.

[23] GOU X, CHENG F, SHI Y, et al. Shape-controlled synthesis of ternary chalcogenide $ZnIn_2S_4$ and CuIn $(S, Se)_2$ nano-/microstructures via facile solution route [J]. J. Am. Chem. Soc., 2006, 128: 7222-7229.

[24] SHI L, YIN P, DAI Y. Synthesis and photocatalytic performance of $ZnIn_2S_4$ nanotubes and

nanowires [J]. Langmuir., 2013, 29: 12818-12822.

[25] DU C, ZHANG Q, LIN Z, et al. Half-unit-cell $ZnIn_2S_4$ monolayer with sulfur vacancies for photocatalytic hydrogen evolution [J]. Appl. Catal. B-Environ., 2019, 248: 193-201.

[26] PENG S, ZHU P, THAVASI V, et al. Facile solution deposition of $ZnIn_2S_4$ nanosheet films on FTO substrates for photoelectric application [J]. Nanoscale, 2011, 3: 2602-2608.

[27] WANG G, CHEN G, YU Y, et al. Mixed solvothermal synthesis of hierarchical $ZnIn_2S_4$ spheres: Specific facet-induced photocatalytic activity enhancement and a DFT elucidation [J]. RSC Adv., 2013, 3: 18579-18586.

[28] HU X, YU J, GONG J, et al. Rapid mass production of hierarchically porous $ZnIn_2S_4$ submicrospheres via a microwave-solvothermal process [J]. Cryst. Growth. Des., 2007, 7: 2444-2448.

[29] SHEN S, ZHAO L, GUO L. Morphology, structure and photocatalytic performance of $ZnIn_2S_4$ synthesized via a solvothermal/hydrothermal route in different solvents [J]. J. Phys. Chem. Solids., 2008, 69: 2426-2432.

[30] SHAND W. The preparation and growth of single crystals of some ternary sulphides [J]. J. Cryst. Growth., 1969, 5: 203-205.

[31] CHEN S, LI S, XIONG L, et al. Effects of sulfur sources on the microstructure and photocatalytic activity of $ZnIn_2S_4$ microspheres [J]. Nano: Brief Reports and Reviews, 2018, 13: 1850079.

[32] SHEN J, ZAI J, YUAN Y, et al. 3D hierarchical $ZnIn_2S_4$: The preparation and photocatalytic properties on water splitting [J]. Int. J. Hydrogen. Energ., 2012, 37: 16986-16993.

[33] CHEN Z, LI D, XIAO G, et al. Microwave-assisted hydrothermal synthesis of marigold-like $ZnIn_2S_4$ microspheres and their visible light photocatalytic activity [J]. J. Solid. State. Chem., 2012, 186: 247-254.

[34] ASSAKER I B, GANNOUNI M, LAMOUCHI A, et al. Physicals and electrochemical properties of $ZnIn_2S_4$ thin films grown by electrodeposition route [J]. Superlattice Microst., 2014, 75: 159-170.

[35] LI M, SU J, GUO L. Preparation and characterization of $ZnIn_2S_4$ thin films deposited by spray pyrolysis for hydrogen production [J]. Int. J. Hydrogen. Energ., 2008, 33: 2891-2896.

3 立方相 $ZnIn_2S_4$ 薄膜的制备及光电化学性能研究

3.1 引　　言

光催化材料在太阳能转换和环境净化方面极具应用潜力，因此开发和优化高效的催化材料引起了人们的极大兴趣[1-3]。$ZnIn_2S_4$ 是一种重要的三元硫系化合物 AB_2X_4（A 为 Zn、Cd 或 Hg，B 为 In、Ga 或 Al，X 为 S 或 Se）成员，由于其在光催化析氢、光催化降解有机污染物和光电导等领域的潜在应用而引起了人们的广泛关注[4-7]。据报道，$ZnIn_2S_4$ 具有六方相和立方相两种不同的晶体结构，其中六方晶型是热力学稳定相，而立方晶型被认为是高压相[8-11]。人们广泛研究了两种不同晶型的 $ZnIn_2S_4$ 在可见光下降解有机染料和分解水的催化性能[12-14]。Li 等研究发现六方相 $ZnIn_2S_4$ 对罗丹明 B 的光催化降解活性比立方相更高，而立方相 $ZnIn_2S_4$ 在光催化降解甲基橙方面比六方相更好[15-16]。Lei 等用简单的水热方法合成了立方尖晶石相的 $ZnIn_2S_4$，并将其作为一种高效稳定的可见光驱动光催化剂用于光催化分解水制氢[17]。Guo 等通过水热法在 CTAB 的辅助下制备了六方相的 $ZnIn_2S_4$，其光催化析氢活性得到提高[18-20]。

由于材料的物理和化学性质与其形貌密切相关，因此具有新颖结构的 $ZnIn_2S_4$ 有望应用于新的领域及提高性能。具有特殊形貌的 $ZnIn_2S_4$ 纳米材料，如纳米粒子、纳米管、纳米线、纳米球和花状微球已经被广泛开发[21-27]。Gou 等以吡啶为溶剂制备的 $ZnIn_2S_4$ 为纳米管和纳米带，而以 CTAB 或乙二醇为溶剂则获得了纳米线和微球形貌[22]。Fu 的团队在低温（353K）下用热溶液法制备了 $ZnIn_2S_4$ 微球，在降解甲基橙中表现出增强的可见光催化活性[23]。Li 等通过 NaCl 辅助的水热法合成了 Zn-In-S 万寿菊状超结构，在水热反应中加入一定量的 NaCl 辅助剂可提高其光催化析氢活性[28]。尽管现阶段人们对于 $ZnIn_2S_4$ 的研究取得了相关进展，但是大多数报道都是关于六方相 $ZnIn_2S_4$ 的研究，有关立方相 $ZnIn_2S_4$ 的研究相对很少，尤其是多种器件应用中所要求的薄膜形态更少。Guo 的团队利用超声喷雾热解（USP）技术在掺铟氧化锡（ITO）基底上制备的立方相的 $ZnIn_2S_4$ 薄膜表现出良好的光电化学特性和稳定性，表明立方相的 $ZnIn_2S_4$ 薄膜是一种潜在的用于分解水制氢的光电极材料[29]。Cheng 等采用化学浴沉积（CBD）

技术在掺氟氧化锡（FTO）衬底上制备了掺铜的立方相 $ZnIn_2S_4$ 薄膜，在 1 V 偏压下电流密度达 1.15 mA/cm^2[30]。上述实验结果表明能够采用简单的溶液生长工艺得到立方相 $ZnIn_2S_4$ 薄膜，进而获得其光电化学特性应用。

综上，本书采用一种简单的酒石酸辅助水热法在 FTO 衬底上合成立方尖晶石结构的 $ZnIn_2S_4$ 薄膜。结果表明，在酒石酸的辅助下，生成了立方相金字塔状的 $ZnIn_2S_4$，而在没有酒石酸时产物为六方相。考察了反应时间和酒石酸浓度对产物的影响。同时，详细讨论了金字塔状立方薄膜的形成机理。此外，还研究了立方相 $ZnIn_2S_4$ 薄膜的 PEC 性能。

3.2　实验部分

3.2.1　实验试剂

第 3~4 章实验中所涉及的化学试剂及规格列于表 3-1。

表 3-1　实验所需试剂及规格

试剂名称	化学式	规格	生产厂家
钛酸四丁酯	$C_{16}H_{36}O_4Ti$	分析纯	上海阿拉丁生化科技股份有限公司
硝酸锌	$Zn(NO_3)_2$	分析纯	上海阿拉丁生化科技股份有限公司
三氯化铟	$InCl_3 \cdot 4H_2O$	99.9%	上海阿拉丁生化科技股份有限公司
硫脲	CH_4N_2S	分析纯	上海阿拉丁生化科技股份有限公司
酒石酸	$C_4H_6O_6$	分析纯	上海阿拉丁生化科技股份有限公司
硫酸钠	Na_2SO_4	≥99.0%	上海阿拉丁生化科技股份有限公司
甲基橙	$C_{14}H_{14}N_3SO_3Na$	分析纯	上海麦克林生化科技有限公司
无水乙醇	CH_3COCH_3	分析纯	天津市风船化学试剂科技有限公司

3.2.2　实验过程

衬底清洗：将 FTO 裁切成 1.5 cm × 4 cm，依次用丙酮、乙醇、去离子水进行清洗 30 min。前躯体溶液的配制：取 0.3 mmol 的 $Zn(NO_3)_2$、0.6 mmol 的 $InCl_3$ 和 0~2.4 mmol 的酒石酸溶于 30 mL 去离子水中，上述溶液在室温下搅拌 5 min 后加入 2.4 mmol CH_4N_2S。$ZnIn_2S_4$ 薄膜的制备：将清洗干净的 FTO 衬底导电面向下斜靠在反应釜内衬侧壁，倒入前驱体溶液后将反应釜密封，置于 160 ℃ 恒温下加热 12 h，待反应釜冷却至室温后取出基片，用去离子水冲洗样品，在室温下干燥。

3.2.3 表征仪器

样品的晶相和结晶度通过 Rigaku D/max X 射线衍射仪（Cu Kα 辐射，$\lambda = 0.15418$ nm）进行分析。形貌采用 FESEM（JEOL JEM-6700F）在 10 kV 的加速电压下进行表征。透射电子显微镜（TEM）图像采用操作电压为 200 kV 的 JEOL JEM-2100F 获得。薄膜的紫外-可见光（UV-vis）反射光谱采用带有积分球的 Shimadzu UV-3150 分光光度计进行测量，然后将光谱转换为吸收光谱和能隙光谱。

3.2.4 光电化学性能测试

采用传统的三电极体系测试样品的光电化学特性，如图 3-1 所示。以 Pt 丝作为对电极，以甘汞电极（SCE）作为参比电极，以合成的 $ZnIn_2S_4$ 薄膜作为工作电极。电解液是中性的 Na_2SO_4 水溶液（0.5 M，即 0.5 mol/L）。通过电化学工作站（CHI 660E，上海辰华）记录样品的瞬态光电流。光源为 500 W 的氙灯（Zolix SS150），光强已校准至 AM 1.5 的 100 mW/cm^2。

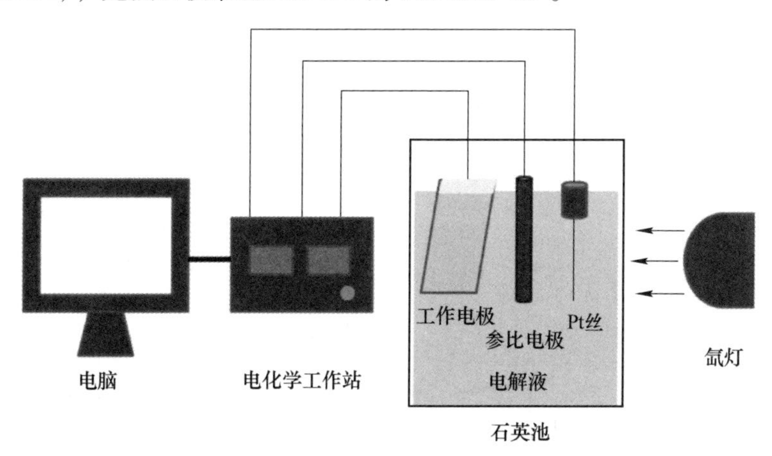

图 3-1 光电化学测试装置示意图

3.3 立方相 $ZnIn_2S_4$ 薄膜的表征及光电化学特性分析

3.3.1 $ZnIn_2S_4$ 薄膜的结构分析

图 3-2 为分别在水热体系中添加和未添加酒石酸获得样品的 XRD 图谱。图 3-2（a）为未添加酒石酸样品的图谱，除 FTO 衬底的衍射峰外，主要的衍射峰 21.49°、27.66°、30.37°、47.15°、52.35° 和 55.50° 均来自六方相 $ZnIn_2S_4$

（JCPDS No. 65-2023），分别对应其（006）、（102）、（104）、（110）、（116）和（022）晶面。除此之外，谱中还出现了 $In(OH)_3$ 的特征峰（JCPDS No. 16-161）。而在相同的反应条件下加入 1.2 mmol 酒石酸作为辅助剂时［见图 3-2（b）］，除 FTO 的衍射峰，其余位于 14.47°、23.68°、27.82°、29.09°、33.74°、36.88°、41.65°、44.25°、48.47°、50.82°、54.60°、56.81°、57.53°、60.38°、62.38°、65.70°、67.75°、71.0°和 77.83°衍射峰对应着面心立方相 $ZnIn_2S_4$ 的（111）、（220）、（311）、（222）、（400）、（331）、（422）、（511）、（440）、（531）、（620）、（533）、（622）、（444）、（551）、（642）、（731）、（800）和（555）晶面（JCPDS No. 48-1778），没有二元硫化物、氢氧化物或者其他化合物杂质存在，这些强且尖锐的衍射峰表明合成的薄膜结晶度很高。XRD 的分析结果显示酒石酸的辅助不仅阻止了氢氧化物的产生，而且对样品的晶体结构产生了重要影响。

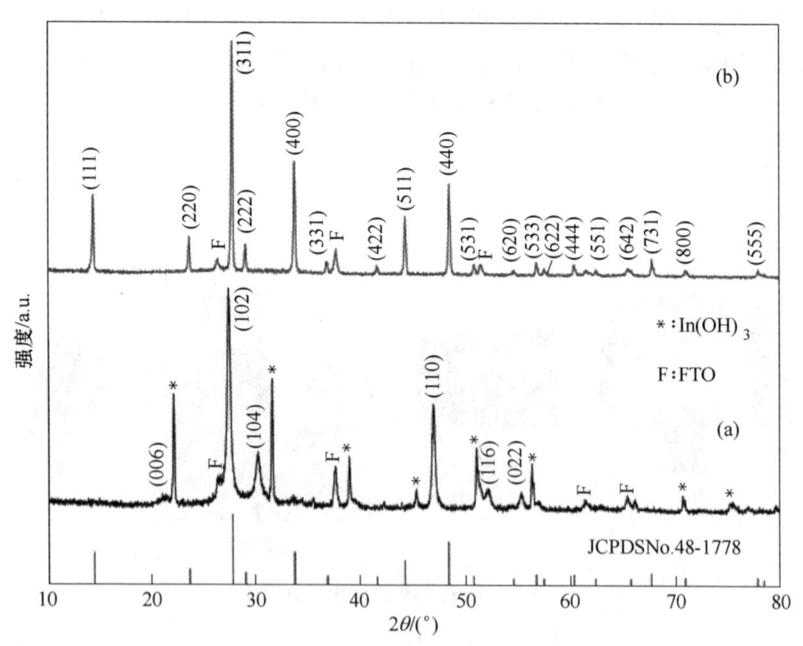

图 3-2　160 ℃、12 h 条件下制备的 $ZnIn_2S_4$ 薄膜 XRD 图谱

（a）未添加酒石酸辅助剂；（b）添加 1.2 mmol 酒石酸

3.3.2　$ZnIn_2S_4$ 薄膜的形貌分析

薄膜表面和截面的形貌特征通过 FESEM 观察，从图 3-3（a）可以看出，当水热体系中没有使用酒石酸时，FTO 衬底表面覆盖有大量的纳米片，这些纳米片表面光滑交互形成网状薄膜，单片纳米片的厚度仅有 20 nm 左右，也正因如此，

在水热环境中会倾向于卷曲。从截面图 3-3（b）中可以看出纳米片几乎垂直于基底生长，薄膜的总厚度约为 22 μm，该结果与 Peng 等的报道相似[31]。而在反应环境中加入酒石酸之后，样品的形貌完全不同，在图 3-3（c）中，当体系中加入 1.2 mmol 酒石酸时，整个 FTO 基底覆盖着均匀一致的纳米晶体，顶部呈现出具有 4 个三角形面、1 个锥形顶部的金字塔形结构，且底部相互融合在一起。从图 3-3（d）的截面图中可以看出整个 FTO 基底都覆盖着均匀密集的 $ZnIn_2S_4$ 薄膜，金字塔结构也得到了进一步证实，此薄膜结构中底部融合部分的厚度约为 1.3 μm，而金字塔形部分的高度约为 150 nm。

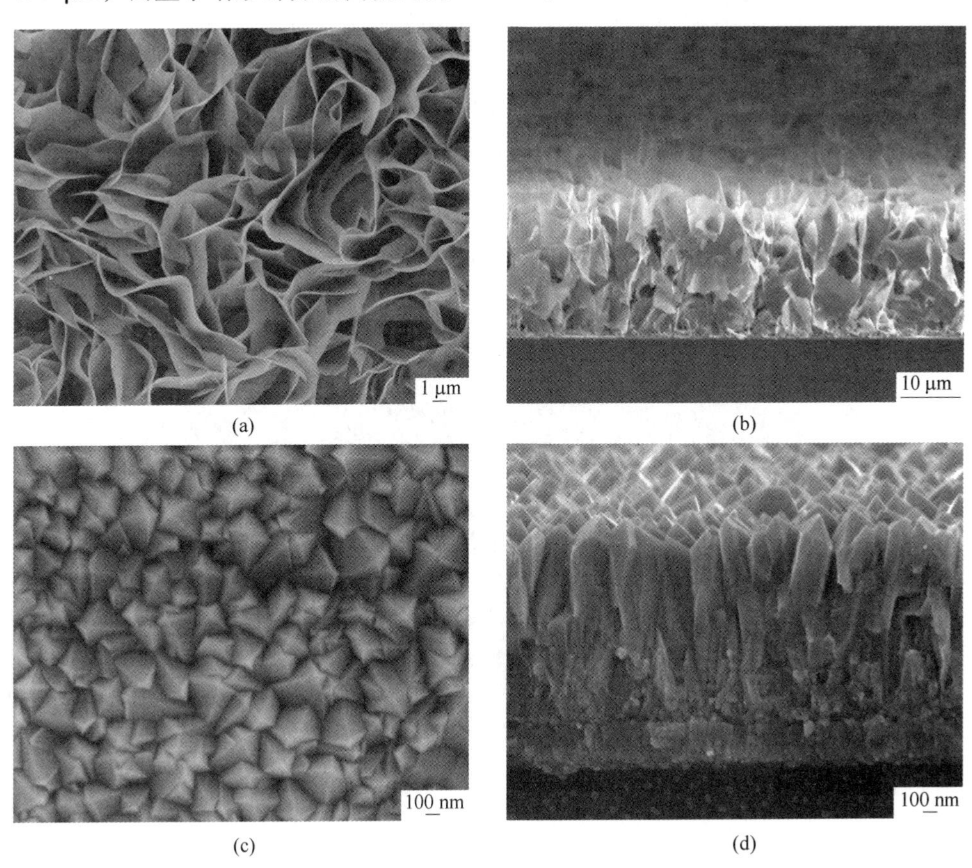

图 3-3 160 ℃、12 h 条件下制备的六方相 $ZnIn_2S_4$ 薄膜的 FESEM 俯视图（a）和截面图（b）、立方相 $ZnIn_2S_4$ 薄膜的 FESEM 俯视图（c）和截面图（d）

为了进一步分析纳米金字塔结构 $ZnIn_2S_4$ 薄膜的结晶质量，对其进行了 TEM 表征。图 3-4（a）和图 3-4（b）分别显示了从基底刮下的样品碎片的 TEM 图像和 HRTEM 图像，可以清楚地看到制备出的样品拥有很高的结晶度，晶格条纹清晰，间距约为 0.32 nm，与立方相 $ZnIn_2S_4$ 薄膜的（311）晶面一致。此外，

图 3-4（a）插图中对应的选区电子衍射（SAED）图谱也显示出金字塔结构的 $ZnIn_2S_4$ 薄膜为单晶，这将有利于光生电荷的传输。

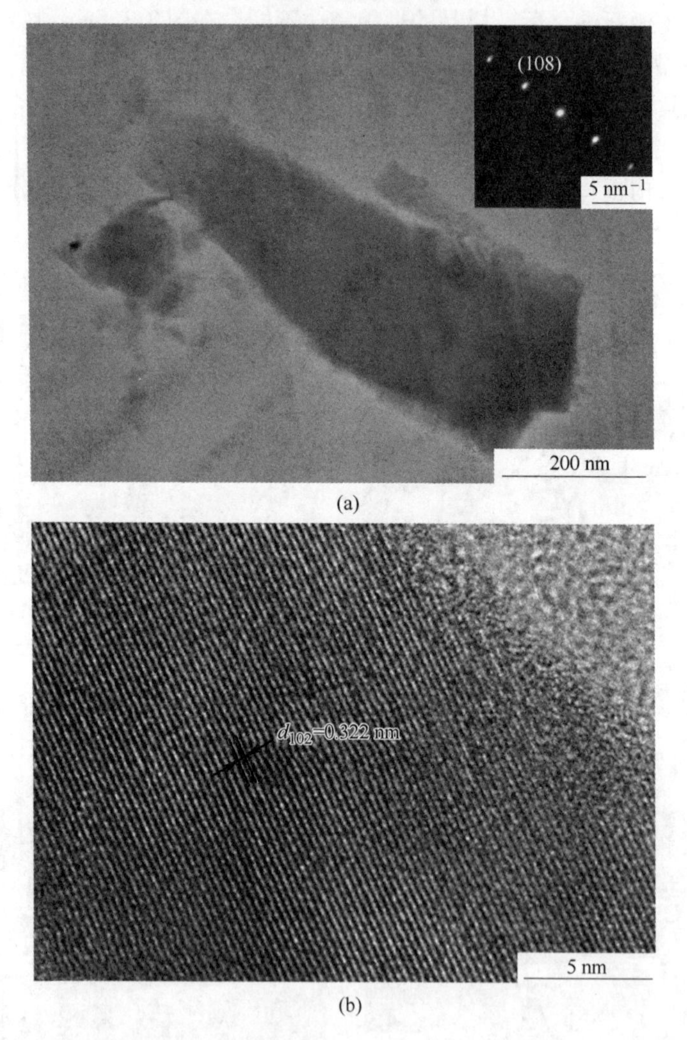

图 3-4　立方相 $ZnIn_2S_4$ 薄膜的 TEM 图像（a）和 HRTEM 图像（b）
[（a）中插图为 SAED 图谱]

3.3.3　立方相 $ZnIn_2S_4$ 薄膜的生长机理分析

为了进一步明确立方相 $ZnIn_2S_4$ 薄膜的生长机理，通过 SEM 详细地观察了薄膜的形貌和厚度随着时间延长的演变过程。图 3-5 显示了 3 个不同生长阶段的 $ZnIn_2S_4$ 薄膜的 SEM 俯视图和截面图。当反应时间相对较短为 3 h 的时候，从图 3-5（a）和图 3-5（b）中看出在 FTO 衬底上主要生成的是纳米颗粒结构，直径

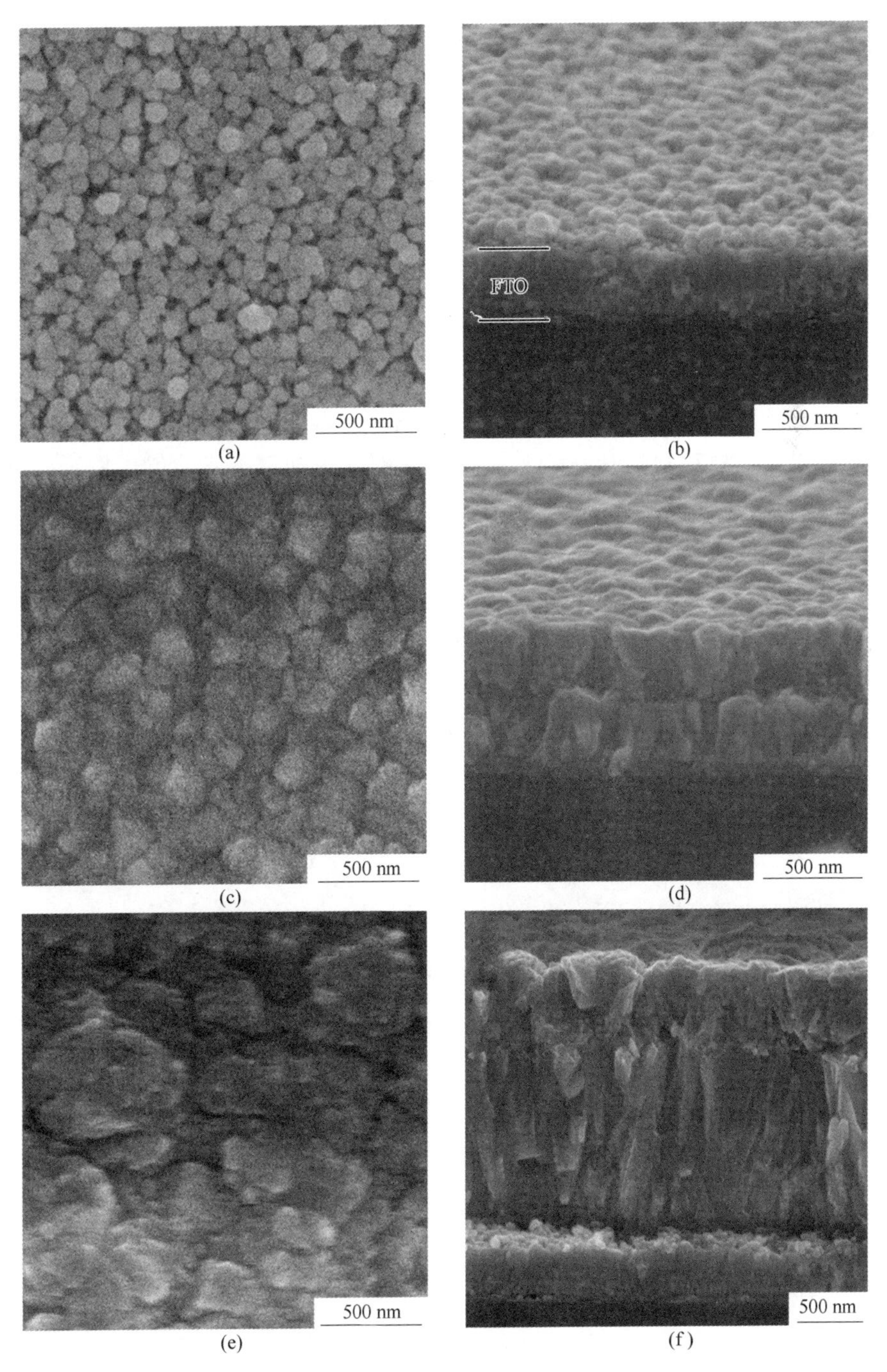

图 3-5 不同生长时间下获得的 $ZnIn_2S_4$ 薄膜的 SEM 俯视图[(a)(c)(e)]和截面图[(b)(d)(f)]
(a)(b) 3 h;(c)(d) 6 h;(e)(f) 18 h

大约为 100 nm，由截面图看出最大厚度约为 150 nm，此时薄膜可能是由 1~2 层颗粒构成的。随着水热过程延长到 6 h［见图 3-5（c）和图 3-5（d）］，$ZnIn_2S_4$ 薄膜由具有棱角的颗粒融合在一起，这是纳米颗粒形状改变的初步迹象，与此同时整个薄膜的厚度增加到 350 nm。当时间达到 12 h，在基底上密集生长着具有锋利塔尖的金字塔形结构，而且随着时间的增长，样品的纵向尺寸也在逐渐增加，如图 3-3（c）和图 3-3（d）所示。但是当进一步延长水热反应时间到 18 h［见图 3-5（e）和图 3-5（f）］后，整个薄膜的厚度相比于 12 h 的样品并没有发生明显的变化，但金字塔形结构已完全消失。

图 3-6 为水热反应时间分别是 3 h、6 h、18 h、24 h 的 $ZnIn_2S_4$ 薄膜的 XRD 图谱，可以清楚地看到，3 h 和 6 h 反应得到的样品为纯立方相 $ZnIn_2S_4$（JCPDS No. 48-1778），当反应时间达到 18 h 和 24 h 时，出现了 In_2S_3 的特征峰（JCPDS No. 65-0459）。在反应体系中，晶体生长与溶解存在竞争，当反应进行一段时间之后，一旦反应离子耗尽，在高能面就可能会发生晶体溶解现象，释放出的 In^{3+} 和 Zn^{2+} 会与 S^{2-} 结合，有可能再次形成 $ZnIn_2S_4$，也有可能生成 In_2S_3 和 ZnS。In_2S_3 的出现可能是因为 In_2S_3（5.7×10^{-74}）与 ZnS（2.93×10^{-25}）的溶度积常数（k_{sp}）存在较大差距。基于以上结果，可以得出结论：在生长时间为 12 h 时有利于形成金字塔结构的纯立方相 $ZnIn_2S_4$ 薄膜。

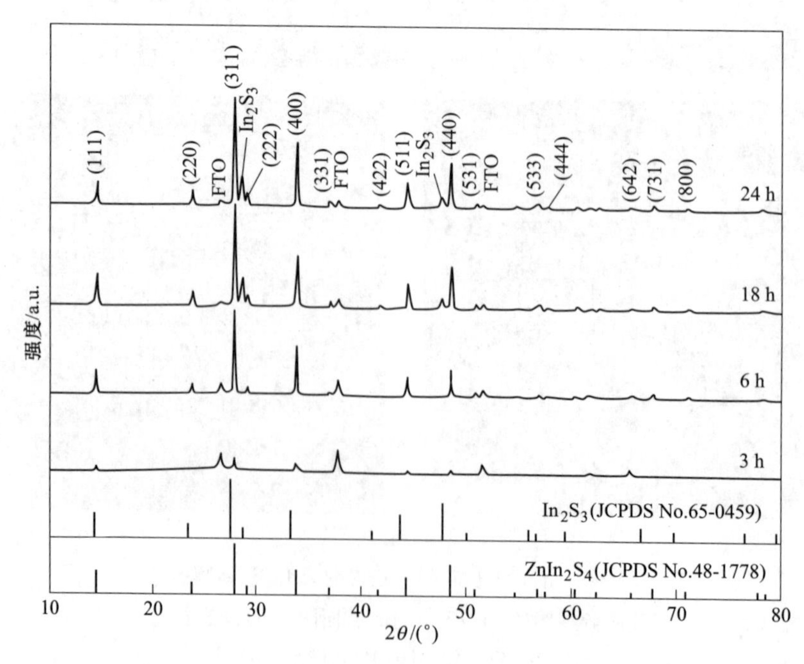

图 3-6 不同生长时间获得 $ZnIn_2S_4$ 薄膜的 XRD 图谱

依据上述不同生长阶段得到的样品的 SEM 和 XRD 图谱，推测立方相金字塔形 $ZnIn_2S_4$ 薄膜的生长过程主要分为 3 个阶段（见图 3-7）：首先，在 FTO 衬底上形成微小的 $ZnIn_2S_4$ 晶核，这些晶核具备籽晶层的作用。然后，晶核持续不断地取向生长形成 $ZnIn_2S_4$ 晶体，单个 $ZnIn_2S_4$ 晶体逐渐与周围晶体连接融合在一起，至完全覆盖了 FTO 基底表面。最后，在水热环境中薄膜表面纳米晶体继续生长，形成具备特殊晶面的金字塔形结构，相应地，塔形结构在整个薄膜范围内的分布逐渐形成。

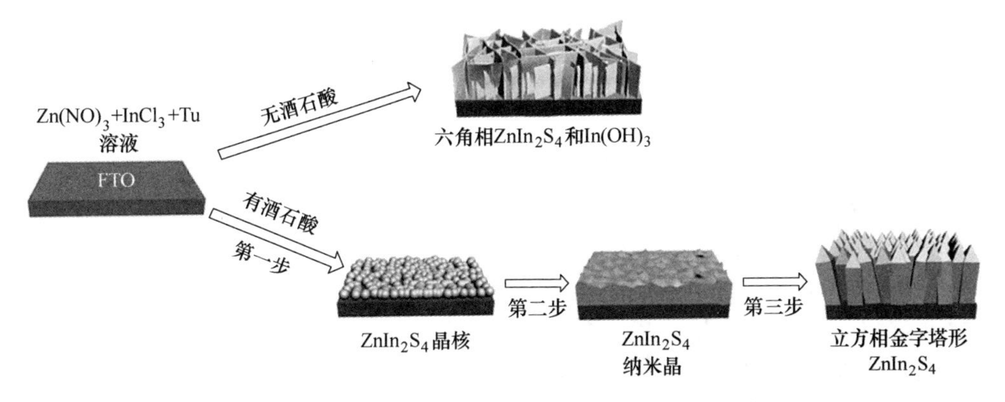

图 3-7 立方相金字塔形 $ZnIn_2S_4$ 薄膜的生长过程示意图

3.3.4 酒石酸对 $ZnIn_2S_4$ 薄膜形貌及结构的影响

在本书相关实验中，酒石酸对于立方相 $ZnIn_2S_4$ 的形成发挥着至关重要的作用。通过改变实验过程中酒石酸的用量研究酒石酸对样品的影响。当酒石酸的用量为 0.3 mmol 时，图 3-8（a）显示一些金字塔形的纳米晶体与纳米片同时出现，相互融合生长，然而在图 3-8（b）中对其进行 X 射线表征发现除了立方相的 $ZnIn_2S_4$（JCPDS No. 48-1778）以及 FTO 的衍射峰（JCPDS No. 65-2023）以外，并没有六方相 $ZnIn_2S_4$ 和 $In(OH)_3$ 的衍射峰出现，这个现象可能是由于 $ZnIn_2S_4$ 纳米片的量比较少且在薄膜中较为分散。进一步增加酒石酸的用量到 0.6 mmol，如图 3-8（c）所示，得到的薄膜完全是均匀的金字塔结构。当酒石酸的用量增加到 1.2 mmol 时也能观察到相似的结果。然而，当酒石酸的用量增加到 1.8 mmol 时［见图 3-8（d）］，FTO 基底上生长的是不规则的 $ZnIn_2S_4$ 的团聚体。以上结果表明了酒石酸在实验体系中对于样品的结构和形貌都有着十分重要的影响，酒石酸用量在 0.6~1.2 mmol 范围内最适合形成金字塔结构的立方相 $ZnIn_2S_4$ 薄膜。

众所周知，酒石酸分子中含有的羟基和羧基具备很好的反应活性，在水热环境中将酒石酸作为添加剂，能够有效控制纳米晶体的生长速率，以此形成形貌规则、分布均匀且结晶良好的纳米粒子[32]。当酒石酸加入水热体系中时，酒石酸

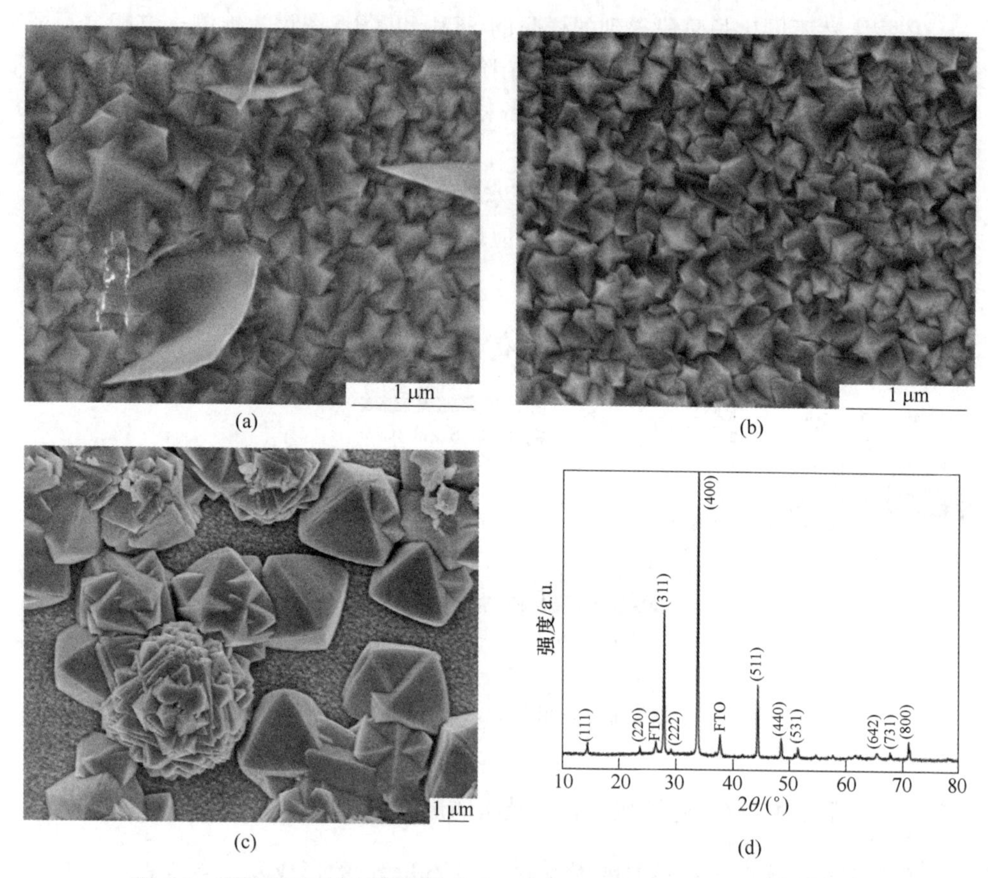

图 3-8　不同的酒石酸用量水热合成 $ZnIn_2S_4$ 薄膜的 SEM 图像（a）~（c）
[（a）0.3 mmol；（b）0.6 mmol；（c）1.8 mmol]
和 0.3 mmol 酒石酸辅助剂合成的样品的 XRD 图谱（d）

很容易与溶液中的 In^{3+} 和 Zn^{2+} 形成相应稳定的配合物，在水热过程中，铟和锌酒石酸配合物发生水解，释放出来的 In^{3+} 和 Zn^{2+} 与 S^{2-} 结合生成 $ZnIn_2S_4$。然而，过高浓度的酒石酸会抑制 In^{3+} 和 Zn^{2+} 的释放进而导致生长不充分，如图 3-8（d）所示。更为重要的是，酒石酸的使用是立方相 $ZnIn_2S_4$ 生成的决定性因素。目前科研工作者普遍认可的 SCM 模型指出在液相中物质的结合方式能够起到模板的作用，使最终的固相产物保持同样的结合方式。在六方相 $ZnIn_2S_4$ 中，所有的 Zn^{2+} 和一半的 In^{3+} 与 S^{2-} 形成四面体配位，另一半 In^{3+} 则与 S^{2-} 形成八面体（六）配位。而在立方相 $ZnIn_2S_4$ 晶体中，Zn^{2+} 与 S^{2-} 形成的是四面体配位，所有的 In^{3+} 与 S^{2-} 都是六配位[33]。Chen 课题组的研究指出，可以通过改变金属前驱体来控制立方相和六方相 $ZnIn_2S_4$ 的生成，使用锌、铟的硝酸盐原材料会生成立方相 $ZnIn_2S_4$，而金属卤盐会导致六方相的形成[15]。

在本书相关实验中，使用的前驱体一种为金属硝酸盐、一种为金属氯化物 [$Zn(NO_3)_2 \cdot 6H_2O$ 和 $InCl_3 \cdot 4H_2O$]，却获得了立方相的 $ZnIn_2S_4$ 薄膜，除了添加酒石酸辅助剂以外，其他的反应条件保持一致，这也就是说酒石酸是形成立方相 $ZnIn_2S_4$ 最重要的因素。没有辅助剂酒石酸时，Zn^{2+} 是四面体配位，而 In^{3+} 在硝酸盐和卤盐的水溶液中可能是四配位，也可能是六配位，所以溶液中四配位的 $[Zn\text{-}S_4]^{2+}$、四配位的 $[In\text{-}S_4]^{2+}$ 和六配位的 $[In\text{-}S_6]^{3+}$，最终形成热力学稳定的六方晶系 $ZnIn_2S_4$ 晶体。

对于立方晶系 $ZnIn_2S_4$，$Zn(NO)_3$ 中的 Zn^{2+} 一般会形成非常规的六配位[34]。Templeton 等发现即使使用卤盐 $ZnCl_2$ 作为金属前驱体，在酒石酸中的 Zn^{2+} 也倾向于形成非常规的六配位模式[35]。另外，Yeung 等报道在水热过程中无论是氢氧化铟 [$In(OH)_3$] 还是醋酸铟水合物 [$In(OAc)_3 \cdot xH_2O$] 与消旋酒石酸反应时，In^{3+} 更倾向于六配位[36]。尽管 In^{3+} 易于形成六配位结构，但受前驱体电负性的影响，其他配位数也是可能的。当使用 $InCl_3$ 作为前驱体时，由于氯化物电负性较低，部分 In^{3+} 可能会形成四配位。因此，推断在反应体系中同时存在四配位的 [$In\text{-}S_4$] 和六配位的 [$In\text{-}S_6$]，小部分四配位的 In^{3+} 会导致在固体中形成 [$In\text{-}S_4$]，而大多数 In^{3+} 以六配位的 [$In\text{-}S_6$] 形式存在。六配位的 [$Zn\text{-}S_6$]、四配位的 [$In\text{-}S_4$] 和六配位的 [$In\text{-}S_6$] 在水热状态下能结合在一起生成 $ZnIn_2S_4$ 晶体。一些六配位的 Zn 占据了 In 的位置，而一些四配位的 In 占据了 Zn 的位置，因此得到的 $ZnIn_2S_4$ 可能是混合或者是反尖晶石结构。在三元金属硫化物半导体中，四配位和六配位的阳离子之间相互交换是很普遍的现象，这也会导致物质具有一些新颖的物理化学性能[37-38]。

3.3.5 立方相 $ZnIn_2S_4$ 薄膜的光吸收特性分析

图 3-9 显示了在 160 ℃温度下生长 12 h 得到的立方相 $ZnIn_2S_4$ 薄膜的紫外-可见光吸收光谱，能够观察到立方相的 $ZnIn_2S_4$ 在紫外到可见光区都有良好的光吸收特性，这表明该薄膜满足作为光电极的基本要求。薄膜的光吸收系数与入射光子能量之间的关系满足方程：

$$(\alpha h\nu) = A\ (h\nu - E_g)^n \tag{3-1}$$

式中，A 为常量；h 为普朗克常数；ν 为光子频率。一般地，当材料为直接带隙半导体时，n 为 1/2；而当材料为间接带隙半导体时，n 为 2[39]。据文献报道，$ZnIn_2S_4$ 是间接带隙半导体，因此取 $n=2$[28]。图 3-9 中插图显示了立方相 $ZnIn_2S_4$ 薄膜的带隙，可以由相应的吸收光谱通过 $(\alpha h\nu)^{1/2}$- $h\nu$ 曲线估算得到，利用线性拟合及外推方法，得到该立方相 $ZnIn_2S_4$ 的带隙为 2.3 eV，该数值与文献的报道值接近[29-30,40]。

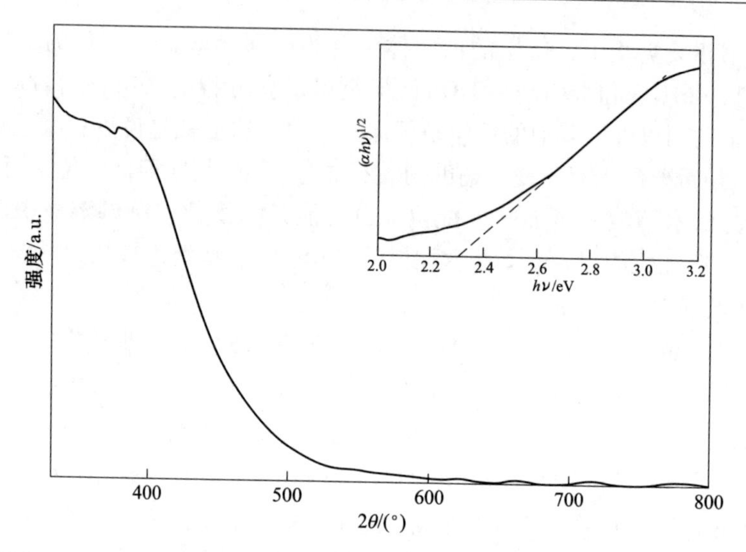

图 3-9　160 ℃生长 12 h 得到的立方相 $ZnIn_2S_4$ 薄膜的紫外-可见光吸收光谱

［插图为（$\alpha h\nu$）$^{1/2}$-$h\nu$ 的曲线］

3.3.6　立方相 $ZnIn_2S_4$ 薄膜的光电化学特性分析

了解 $ZnIn_2S_4$ 薄膜的光电化学特性是分析该薄膜是否适于用作光电极光催化制氢制氧的重要途径。在室温条件下使用标准的三电极电化学体系来研究薄膜的 PEC 性能。如图 3-10（a）所示，无光照条件下的电流密度非常小，可以忽略不计，与此相反，有光照时，电极的电流密度从电压-0.55 V(0.14 V vs. RHE）处开始增大，电压为 1.0 V（1.69 V vs. RHE）时电流密度增加到 0.18 mA/cm^2。图 3-10（b）显示了在 0.4 V（1.19 V vs. RHE）偏压下经由几个开关循环测量的

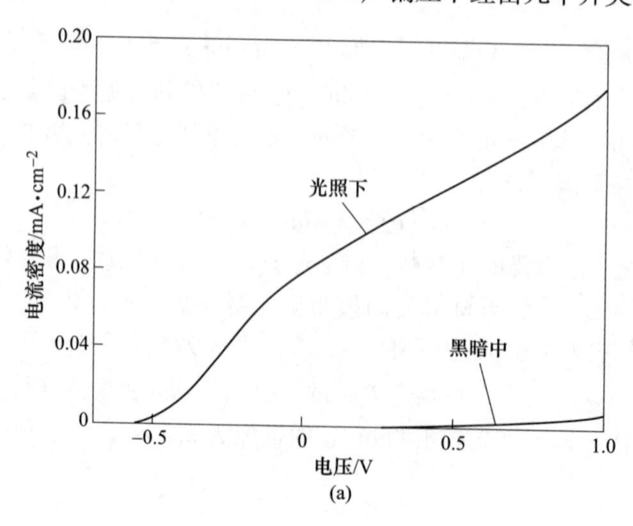

(a)

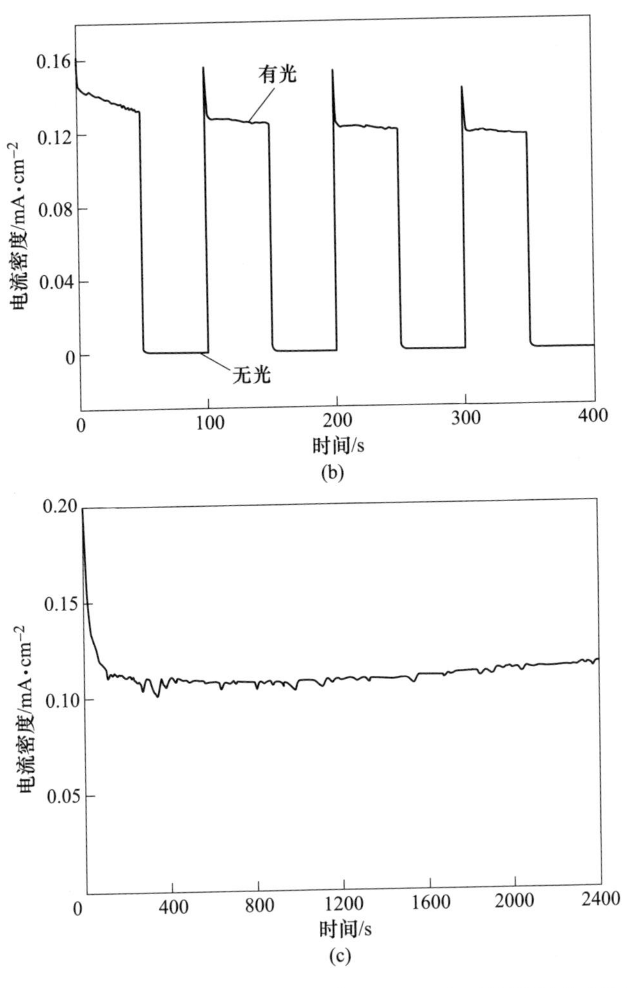

图 3-10 $ZnIn_2S_4$ 薄膜电极在 100 mW/cm^{2}光照和无光照条件下的 *J-V* 曲线（a）和瞬态光电流密度曲线（b）及稳定性测试 *J-t* 曲线（c）

瞬态光电流密度曲线（*J-t*）。当光源打开时，电流密度快速增加并保持在一个相对稳定的数值，一旦光源关闭就会即刻恢复到零，电流密度如此快速地上升下降表明在 $ZnIn_2S_4$ 薄膜内部光生载流子能够快速地分离和转移。众所周知，光电阳极的稳定性在实际应用中至关重要，图 3-10（c）为电极的稳定性测试 *J-t* 曲线，尽管在最开始的 500 s 中电流密度的变化很大，但在接下来的测量中电流密度数值趋于稳定，微小的变化可以忽略不计，表明该立方相 $ZnIn_2S_4$ 薄膜在 0.5 M（0.5 mol/L）的 Na_2SO_4 电解液中相对稳定。

3.4 本章小结

（1）通过酒石酸辅助的简单水热法在 FTO 基底上成功制备出金字塔结构的立方相 $ZnIn_2S_4$ 薄膜，并分析了酒石酸在晶体结构控制上起到的重要作用。

（2）通过适当的调节实验条件，包括反应时间、酒石酸的用量等，提出了立方相 $ZnIn_2S_4$ 薄膜的生长机制。

（3）从光学特性分析可以得知立方相 $ZnIn_2S_4$ 的带隙宽度约为 2.3 eV，在可见光区有很好的吸收。$ZnIn_2S_4$ 薄膜具有很好的光电化学性能和稳定性，这也表明了该薄膜有望用于高效的光电化学器件、用于光催化制氢制氧。

参考文献

[1] FUJISHIMA A，HONDA K. Electrochemical photolysis of water at a semiconductor electrode [J]. Nature，1972，238：37-38.

[2] ZOU Z，YE J，ARAKAWA H，et al. Direct splitting of water under visible light irradiation with an oxide semiconductor photocatalyst [J]. Nature，2002，414：625-627.

[3] BAK T，NOWOTNY J，REKAS M，et al. Photo-electrochemical hydrogen generation from water using solar energy. Materials-related aspects [J]. Int. J. Hydrogen Energy，2002，27：991-1022.

[4] YU H，QUAN X，ZHANG Y，et al. Electrochemically assisted photocatalytic inactivation of Escherichia coli under visible light using a $ZnIn_2S_4$ film electrode [J]. Langmuir，2008，24：7599-7604.

[5] FAN W J，ZHOU Z F，XU W B，et al. Preparation of $ZnIn_2S_4$/fluoropolymer fiber composites and its photocatalytic H_2 evolution from splitting of water using Xe lamp irradiation [J]. Int. J. Hydrogen Energy，2010，35：6525-6530.

[6] LIU Q，LU H，SHI Z W，et al. 2D $ZnIn_2S_4$ nanosheet/1D TiO_2 nanorod heterostructure arrays for improved photoelectrochemical water splitting [J]. ACS Appl. Mater. Interfaces，2014，6：17200-17207.

[7] CHAI B，PENG T，ZENG P，et al. Preparation of a MWCNTs/$ZnIn_2S_4$ composite and its enhanced photocatalytic hydrogen production under visible-light irradiation [J]. Dalton Trans.，2012，41：1179-1186.

[8] DONIKA F G，RADAUTSAN S I，SEMILETOV S A，et al. Structure of the polytopic form $ZnIn_2S_4$ [J]. Sov. Phys. Crystallogr.，1971，15：695.

[9] Range K J，BECKER W，WEISS A. Eine Hochdruckphase des $ZnIn_2S_4$ mit Spinellstruktur [J]. Z. Naturforsch.，1969，24b：811-812.

[10] BERAND N，RANGE K J. Rietveld structure refinement of two high-pressure spinels：$ZnIn_2S_4$-Ⅱ and $MnIn_2Se_4$-Ⅱ [J]. J. Alloys Compd.，1996，241：29-33.

[11] TINOCO T，POLIAN A，ITIÉ J P，et al. Structure of Ⅲα-$ZnIn_2S_4$ under high pressure [J].

Phys. Status Solidi B, 1999, 211: 385-387.

[12] SEO W S, OTSUKA R, OKUNO H, et al. Thermoelectric properties of sintered polycrystalline $ZnIn_2S_4$ [J]. J. Mater. Res., 1999, 14: 4176-4181.

[13] HAN J, LIU Z, GUO K, et al. High-efficiency photoelectrochemical electrodes based on $ZnIn_2S_4$ sensitized ZnO nanotube arrays [J]. Appl. Catal. B, 2015, 163: 179-188.

[14] LIU Q, WU F, CAO F, et al. A multijunction of $ZnIn_2S_4$ nanosheet/TiO_2 film/Si nanowire for significant performance enhancement of water splitting [J]. Nano Res., 2015, 8: 3524-3534.

[15] CHEN Y, HU S, LIU W J, et al. Controlled syntheses of cubic and hexagonal $ZnIn_2S_4$ nanostructures with different visible-light photocatalytic performance [J]. Dalton Trans., 2011, 40: 2607-2613.

[16] CHEN Y, HUANG R, CHEN D, et al. Exploring the different photocatalytic performance for dye degradations over hexagonal $ZnIn_2S_4$ microspheres and cubic $ZnIn_2S_4$ nanoparticles [J]. ACS Appl. Mater. Interfaces, 2012, 4: 2273-2279.

[17] LEI Z B, YOU W S, LIU M Y, et al. Photocatalytic water reduction under visible light on a novel $ZnIn_2S_4$ catalyst synthesized by hydrothermal method [J]. Chem. Commun., 2003 (17): 2142-2143.

[18] SHEN S H, ZHAO L, GUO L J. Cetyltrimethylammoniumbromide (CTAB) -assisted hydrothermal synthesis of $ZnIn_2S_4$ as an efficient visible-light-driven photocatalyst for hydrogen production [J]. Int. J. Hydrogen Energy, 2008, 33: 4501-4510.

[19] SHEN S H, ZHAO L, GUO L J. Morphology, structure and photocatalytic performance of $ZnIn_2S_4$ synthesized via a solvothermal/hydrothermal route in different solvents [J]. J. Phys. Chem. Solids, 2008, 69: 2426-2432.

[20] SHEN S H, ZHAO L, GUO L J. Optical and photocatalytic properties of visible-light-driven $ZnIn_2S_4$ photocatalysts synthesized via a surfactant-assisted hydrothermal method [J]. Mater. Res. Bull., 2009, 44: 100-105.

[21] CHAUDHARI N S, BHIRUD A P, SONAWANE R S, et al. Ecofriendly hydrogen production from abundant hydrogen sulfide using solar light-driven hierarchical nanostructured $ZnIn_2S_4$ photocatalyst [J]. Green Chem., 2011, 13: 2500-2506.

[22] GOU X L, CHENG F Y, SHI Y H, et al. Shape-controlled synthesis of ternary chalcogenide $ZnIn_2S_4$ and $CuIn(S,Se)_2$ nano-/microstructures via facile solution route [J]. J. Am. Chem. Soc., 2006, 128: 7222-7229.

[23] CHEN Z, LI D, ZHANG W, et al. Low-temperature and template-free synthesis of $ZnIn_2S_4$ microspheres [J]. Inorg. Chem., 2008, 47: 9766-9772.

[24] CHAI B, PENG T, ZENG P, et al. Template-free hydrothermal synthesis of $ZnIn_2S_4$ floriated microsphere as an efficient photocatalyst for H_2 production under visible-light irradiation [J]. J. Phys. Chem. C, 2011, 115: 6149-6155.

[25] FANG F, CHEN L, CHEN Y B, et al. Synthesis and Photocatalysis of $ZnIn_2S_4$ Nano/Micropeony [J]. J. Phys. Chem. C, 2010, 114: 2393-2397.

[26] CHEN Z, LI D, XIAO G, et al. Microwave-assisted hydrothermal synthesis of marigold-like

$ZnIn_2S_4$ microspheres and their visible light photocatalytic activity [J]. J. Solid State Chem., 2012, 186, 247-254.

[27] HU X, YU J C, GONG J, et al. Rapid mass production of hierarchically porous $ZnIn_2S_4$ submicrospheres via a microwave-solvothermal process [J]. Cryst. Growth Des., 2007, 7: 2444-2448.

[28] XU Z D, LI Y X, PENG S Q, et al. Composition, morphology and photocatalytic activity of Zn-In-S composite synthesized by a NaCl-assisted hydrothermal method [J]. CrystEngComm, 2011, 13: 4770-4776.

[29] LI M, SU J, GUO L J. Preparation and characterization of $ZnIn_2S_4$ thin films deposited by spray pyrolysis for hydrogen production [J]. Int. J. Hydrogen Energy, 2008, 33: 2891-2896.

[30] CHENG K W, HUANG C M, YU Y C, et al. Photoelectrochemical performance of Cu-doped $ZnIn_2S_4$ electrodes created using chemical bath deposition [J]. Sol. Energy Mater. Sol. Cells, 2011, 95: 1940-1948.

[31] PENG S, ZHU P, THAVASI V, et al. Facile solution deposition of $ZnIn_2S_4$ nanosheet films on FTO substrates for photoelectric application [J]. Nanoscale, 2011, 3: 2602-2608.

[32] TANG B, GE J C, ZHOU L H. The fabrication of $La(OH)_3$ nanospheres by a controllable-hydrothermal method with citric acid as a protective agent [J]. Nanotechnology, 2004, 15: 1749-1753.

[33] SRIRAM M A, MCMICHAEL P H, WAGHRAY A, et al. Chemical synthesis of the high-pressure cubic-spinel phase of $ZnIn_2S_4$ [J]. J. Mater. Sci., 1998, 33: 4333-4339.

[34] VAN DOORNE W, DIRKSE T P. Supersaturated zincate solutions [J]. J. Electrochem. Soc., 1975, 122: 1-4.

[35] TEMPLETON L K, TEMPLETON D H, ZHANG D, et al. Structure of Di-μ-(+)-tartrato-bis [aquazinc(Ⅱ)] trihydrate, $[Zn_2(C_4H_4O_6)_2(H_2O)_2] \cdot 3H_2O$ and anomalous scattering by zinc [J]. Acta Crystallogr., Sect. C: Cryst. Struct. Commun., 1985, 41: 363-365.

[36] ALEX S F, AU-YEUNG, SUNG H H Y, et al. Hydrothermal synthesis of indium tartrates: Structures of the chiral polymer $[In(I\text{-}TAR)_3H_2O] \cdot 0.5H_2O$ containing the tartrate trianion, and a microporous hybrid solid $[In(OH)(d/l\text{-}TAR)_2] \cdot 2H_2O$ [J]. Inorg. Chem. Commun., 2006, 9: 507-511.

[37] GRILLI E, GUZZI M, CAMERLENGHI E, et al. On the radiative recombination in $ZnIn_2S_4$ [J]. Phys. Status Solidi, 2010, 90: 691-701.

[38] ROMEO N, DALLATURCA A, BRAGLIA R, et al. Charge storage in $ZnIn_2S_4$ single crystals [J]. Appl. Phys. Lett., 1973, 22 (1): 21-22.

[39] HAGFEIDT A, GRÄTZEL M. Light-induced redox reactions in nanocrystalline systems [J]. Chem. Rev., 1995, 95: 49-68.

[40] CHENG K W, LIANG C J. Preparation of Zn-In-S film electrodes using chemical bath deposition for photoelectrochemical applications [J]. Sol. Energy Mater. Sol. Cells, 2010, 94: 1137-1145.

4 $ZnIn_2S_4/TiO_2$ 复合薄膜的制备及光电化学性能研究

4.1 引　　言

现阶段，无机纳米异质结构在光（电）催化领域引起了人们的广泛关注[1-3]。其中 TiO_2 纳米材料具有无毒性、形态多样性、良好的化学稳定性和较高光反应活性，被认为是极有效的光阳极材料之一[4-6]。然而，因为 TiO_2 具有较大的带隙（3.2 eV），单一的 TiO_2 只能吸收占太阳光谱小部分的紫外光，因而光催化活性受到限制[7]。此外，光生电子-空穴对的快速复合降低了 TiO_2 的量子效率，导致其光电化学性能较低[8]。为了解决这些问题，人们研究了在导电衬底上生长 TiO_2 纳米管/棒/薄片阵列，以此增加比表面积，并通过为光生电子提供直接“通道”来提高电子传输[9-11]。此外，TiO_2 与可见光响应的光催化剂复合也可以扩展光吸收到可见光区域，并建立异质结构提高载流子的分离效率。各种窄带隙半导体，如 CdS、CdSe、PbS、InP，已经被广泛研究作为光敏剂[12-15]。

在 TiO_2 的合成方面，自从 {001} 晶面暴露 47%的锐钛型 TiO_2 单晶问世以来[16]，人们在合成 {001} 晶面主导的 TiO_2 上开展了大量研究，以发挥其在光催化方面的潜在应用。在导电基底生长具有高比例 {001} 活性面的二维（2D）TiO_2 纳米片阵列薄膜，对于光电化学领域的应用具有重要意义。2D 纳米结构薄膜增强了对复合材料的担载能力及增加了表面催化反应活性位点；通过在半导体/电解质界面的多次反射和散射，增强了光和材料的相互作用；提供了光生电荷的快速传输通道以进行载流子收集等。人们在合成 TiO_2 纳米片薄膜及其复合纳米异质结构方面开展了大量工作[17-20]。

三元硫化物光催化剂 $ZnIn_2S_4$ 是一种典型的Ⅱ-Ⅲ-Ⅵ半导体，环保友好，带隙适中（2.0~2.8 eV），具有可见光响应[21-22]，因此在催化领域引起了人们越来越多的关注。然而，由于光生电子-空穴对的复合速率高，单一相 $ZnIn_2S_4$ 的效率远远达不到实际应用的要求，因此人们合成了各种基于 $ZnIn_2S_4$ 纳米片的复合半导体异质结，以提高其光催化性能。例如，将 2D $ZnIn_2S_4$ 纳米片/一维(1D) TiO_2 纳米棒异质结阵列进行水的光电化学分解反应[23]。将多级 $ZnIn_2S_4$ 纳米片/TiO_2 薄膜/Si 纳米线异质结用于分解水，性能显著提高[24]。将三维结构的 CdS 量子点/$ZnIn_2S_4$ 纳米片/TiO_2 纳米管阵列（$CdS/ZnIn_2S_4/TiO_2$）用于降解 2,4-二氯苯氧乙酸，展现出高效的光催化活性[25]。Lin 等报道由于 2D/2D 异质结中的大界面接触面积，g-C_3N_4/$ZnIn_2S_4$ 2D/2D 异质结比 g-C_3N_4/$ZnIn_2S_4$ 2D/0D 异质结显示出更强的 H_2 生成活性[26]。此外，$MoS_2/ZnIn_2S_4$、$NiP_2/ZnIn_2S_4$、$WO_3/ZnIn_2S_4$ 和 $CuInS_2/ZnIn_2S_4$ 2D/2D 等异质结构在制氢方面都比单一的 $ZnIn_2S_4$ 展现出更高的活性[27-30]。

基于上述认识，本章首先采用简单的两步水热法在 FTO 衬底上合成了 $ZnIn_2S_4/TiO_2$ 复合薄膜，进行了结构和形貌表征，并对复合薄膜的紫外-可见光吸收性能和光电化学特性进行了深入的研究和分析。

4.2 实验部分

4.2.1 TiO_2 纳米片薄膜的制备

首先，将 FTO(SnO_2:F)切割成 4 cm × 1.5 cm，然后依次使用丙酮、乙醇和去离子水超声清洗 30 min，目的是去除 FTO 表面的杂质，最后，用氮气（N_2）吹干备用。采用简单的水热法制备 TiO_2 纳米片阵列。将 15 mL 的 HCl（36%～38%）与 15 mL 的去离子水混合于 100 mL 烧杯中，置于磁力搅拌器上搅拌 5 min，然后将 0.05 mol/L 钛酸四丁酯逐滴加入混合溶液中，磁力搅拌 15 min 后加入 0.04 mol/L 六氟钛酸铵，继续搅拌 30 min 使溶液混合均匀。将清洗干净的 FTO 衬底导电面向下倾斜放入反应釜内衬中，倒入上述混合溶液，密封反应釜置于 170 ℃恒温鼓风干燥箱中，水热反应 12 h。反应结束后，待水热釜温度降至室温，将薄膜取出，用去离子水反复冲洗干净后，置于空气中干燥。

4.2.2 $ZnIn_2S_4/TiO_2$ 复合薄膜的制备

首先，在 FTO 基底上制备 TiO_2 纳米片阵列薄膜，具体实验过程与第 3.2.2 节相同。然后，采用水热法制备 $ZnIn_2S_4/TiO_2$ 复合薄膜。具体步骤如下：将 30 mL 去离子水倒入烧杯中，依次加入 0.02 mol/L 的 $ZnCl_2$、0.04 mol/L 的 $InCl_3$、0.08 mol/L 的硫代乙酰胺（TAA），磁力搅拌 30 min 使药品完全溶解。将制备的 TiO_2 纳米片阵列薄膜导电面朝下倾斜倚靠在反应釜内衬中，再缓慢倒入混合溶液，密封反应釜。之后将反应釜放入 120 ℃的鼓风干燥箱中，反应时间为 15 min、30 min、45 min、60 min，反应结束后，待温度降至室温，取出样品，用去离子水冲洗干净，放置在空气中让其自然干燥。

4.3 $ZnIn_2S_4/TiO_2$ 复合薄膜的表征及光电化学性质分析

4.3.1 结构和能谱分析

图 4-1 为 TiO_2 纳米片阵列和不同 $ZnIn_2S_4$ 水热生长时间的 $ZnIn_2S_4/TiO_2$ 复合薄膜的 XRD 图谱，观察可知，TiO_2 纳米片的 XRD 图谱中除 FTO 的衍射峰外，其余衍射峰均来自锐钛矿相 TiO_2（JCPDS No. 21-1272），$ZnIn_2S_4/TiO_2$ 复合薄膜的 XRD 图谱中除 FTO 和 TiO_2 的衍射峰外，在 21.58°、27.74°、30.47°、47.33°、52.42°、75.81°处增加的衍射峰与标准卡片 JCPDS No. 65-2023 对应得很好，分别对应（006）、（102）、（104）、（111）、（116）、（212）晶面，证实所有新增衍射峰均为六方相 $ZnIn_2S_4$，没有其他硫化物、氧化物杂质峰的出现，说明样品的纯度很高。通过对比不同反应时间的 $ZnIn_2S_4/TiO_2$ 复合薄膜的 XRD 图谱可知，随着反应时间的延长，六方相 $ZnIn_2S_4$ 的衍射峰强度逐渐增大。

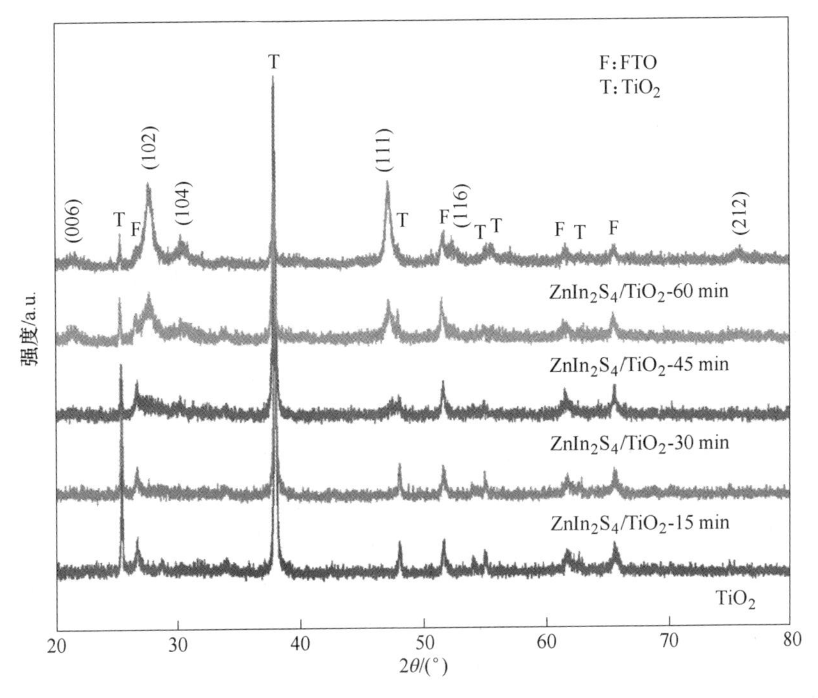

图 4-1 TiO_2 纳米片阵列和不同 $ZnIn_2S_4$ 水热生长时间的 $ZnIn_2S_4/TiO_2$ 复合薄膜的 XRD 图谱

图 4-2 为 $ZnIn_2S_4$ 水热生长 30 min 的 $ZnIn_2S_4/TiO_2$ 复合薄膜的 EDX 图谱，从图中可以观察到样品中主要包含 Ti、O、Zn、In、S 五种元素，均来自 $ZnIn_2S_4/TiO_2$ 复合薄膜，从定量分析结果中得知，Zn、In、S 三种元素的原子个数比接近

1∶2∶4，符合 $ZnIn_2S_4$ 的化学计量比。

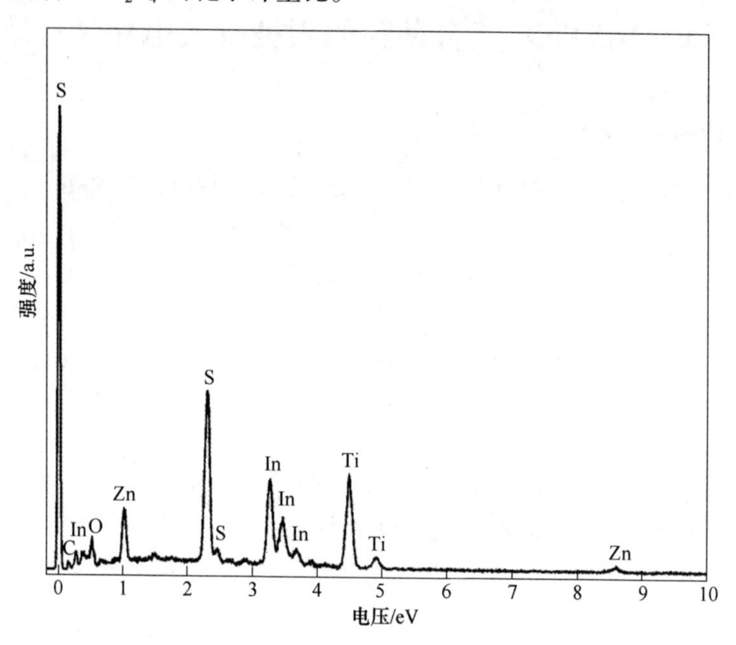

图 4-2 $ZnIn_2S_4/TiO_2$ 复合薄膜的 EDX 图谱

4.3.2 形貌分析

图 4-3 为 TiO_2 纳米片阵列和 $ZnIn_2S_4/TiO_2$ 复合薄膜的 SEM 图谱，图 4-3（a）、图 4-3（b）为 TiO_2 纳米片阵列薄膜的正面及侧面的 SEM 图谱，TiO_2 纳米片均匀分布在 FTO 衬底上，相互交错生长，垂直于 FTO 衬底，纳米片的厚度约为 200 nm，平均边长约为 1.35 μm，整个薄膜的厚度约为 2 μm。图 4-3（c）、图 4-3（d）为 $ZnIn_2S_4$ 水热生长 30 min 的 $ZnIn_2S_4/TiO_2$ 复合薄膜的正面及侧面的 SEM 图谱。从图 4-3（c）中可以看出，TiO_2 纳米片表面被 $ZnIn_2S_4$ 纳米片覆盖，纳米片相互连接形成网状薄膜，这种 2D/2D 的异质结构薄膜具有更大的比表面积。纳米片的厚度约为 10 nm，它们之间的间隙为 200~500 nm。从图 4-3（d）中看出，薄膜的平均厚度约为 2.2 μm，TiO_2 纳米片保留原有形貌，$ZnIn_2S_4$ 纳米片均匀且密集地覆盖在 TiO_2 纳米片的顶部及侧面，与 TiO_2 紧密接触。

对样品进行透射电子显微镜（TEM）测试。图 4-4（a）为水热反应 30 min 的 $ZnIn_2S_4/TiO_2$ 复合薄膜的 TEM 图谱，从图中可以清晰观察到样品边缘为超薄的 $ZnIn_2S_4$ 纳米片。图 4-4（b）为复合薄膜的 HRTEM 图谱，观察到清晰的晶格条纹，晶格间距为 0.29 nm 和 0.32 nm 分别对应六方相 $ZnIn_2S_4$ 的（104）和（102）晶面，与 XRD 结果一致。

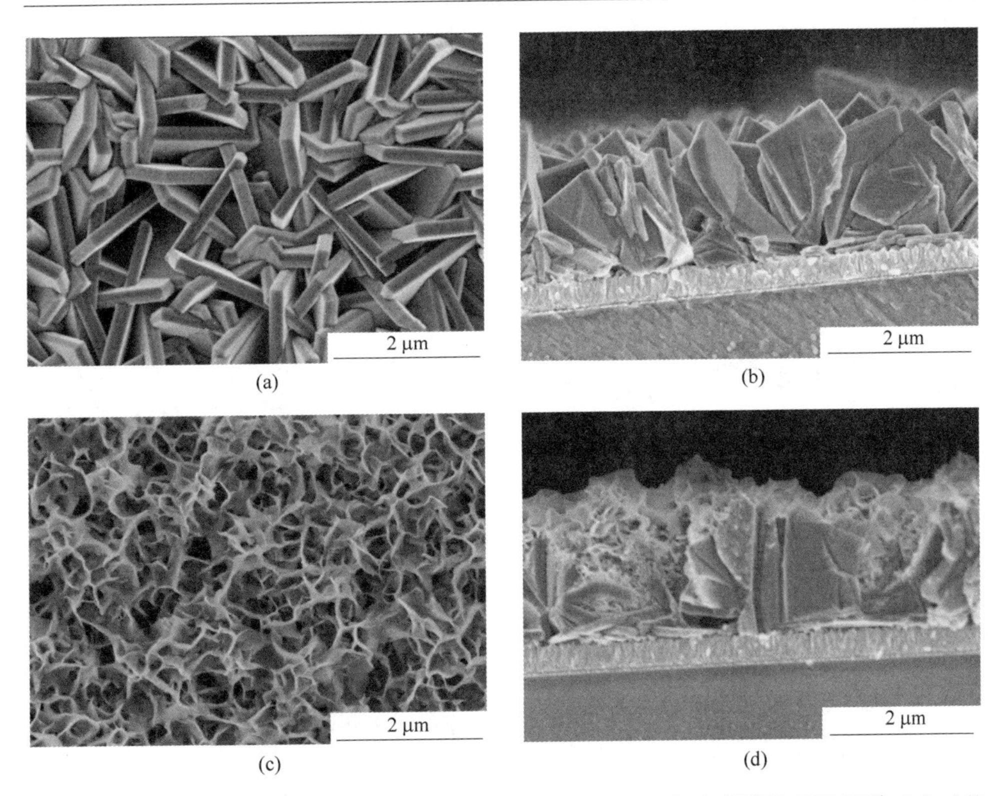

图 4-3 TiO_2 纳米片阵列的 SEM 图谱（a）（b）和 $ZnIn_2S_4/TiO_2$ 复合薄膜的 SEM 图谱（c）（d）

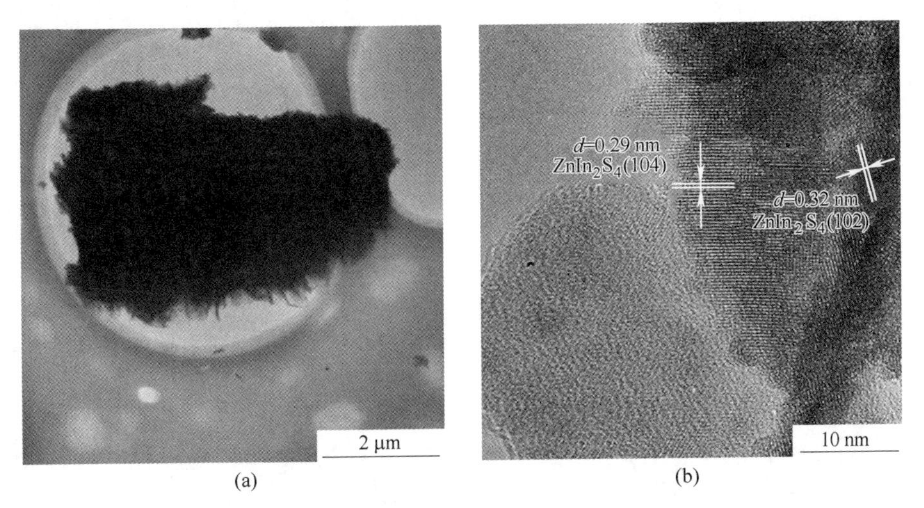

图 4-4 $ZnIn_2S_4/TiO_2$ 复合薄膜的 TEM 图谱（a）和 HRTEM 图谱（b）

探究水热反应时间对 $ZnIn_2S_4$ 纳米片的形貌和薄膜厚度的影响，图 4-5 为不同反应时间的 $ZnIn_2S_4/TiO_2$ 复合薄膜的 SEM 图谱，图（a）（b）为 $ZnIn_2S_4$ 水热生长 15 min 的复合薄膜，图（a）中一层薄薄的 $ZnIn_2S_4$ 网状薄膜覆盖在 TiO_2 纳米片上，还能观察到 TiO_2 纳米片的形貌，由于反应时间较短，未生长成为 2D 纳米片。随着水热时间的增加，$ZnIn_2S_4$ 纳米片逐渐形成，纳米片的厚度逐渐增大，TiO_2 纳米片被完全包覆。从侧面图中可以清晰地看到，反应时间越长，覆盖在 TiO_2 表面的 $ZnIn_2S_4$ 纳米片越厚。然而，过厚的 $ZnIn_2S_4$ 纳米片降低了光生载流子的分离能力，因为薄膜厚度的增加将延长光生载流子的传输距离，这样会大大增加光生电子和空穴发生复合的可能性。

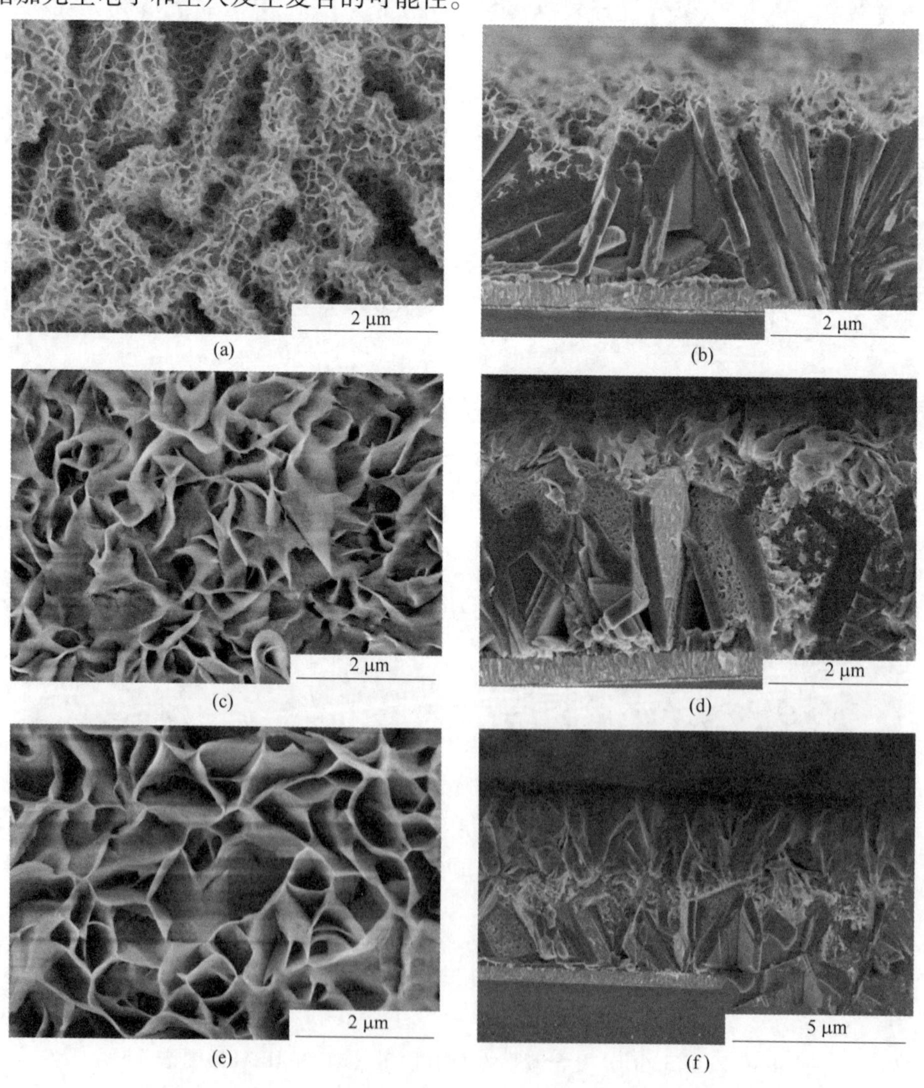

图 4-5　不同反应时间的 $ZnIn_2S_4/TiO_2$ 复合薄膜的 SEM 图谱

（a）（b）15 min；（c）（d）45 min；（e）（f）60 min

$ZnIn_2S_4$ 纳米片的水热反应过程如下：

$$CH_3CSNH_2 + H_2O \rightleftharpoons CH_3CONH_2 + H_2S$$

$$Zn^{2+} + 2In^{3+} + 4H_2S \longrightarrow ZnIn_2S_4 + 8H^+$$

如图 4-6 所示，当将 TiO_2 纳米片阵列放入反应溶液中时，Zn^{2+}和 In^{3+}扩散到 TiO_2 纳米片之间的缝隙中并被吸附在表面上。一旦在高温下进行反应，TAA 就会水解以释放 H_2S，H_2S 与 Zn^{2+}和 In^{3+}同时反应，从而在 TiO_2 纳米片阵列上形成 $ZnIn_2S_4$ 核。最终的纳米片形态归因于在某些水热条件下六方相 $ZnIn_2S_4$ 的固有层状结构。

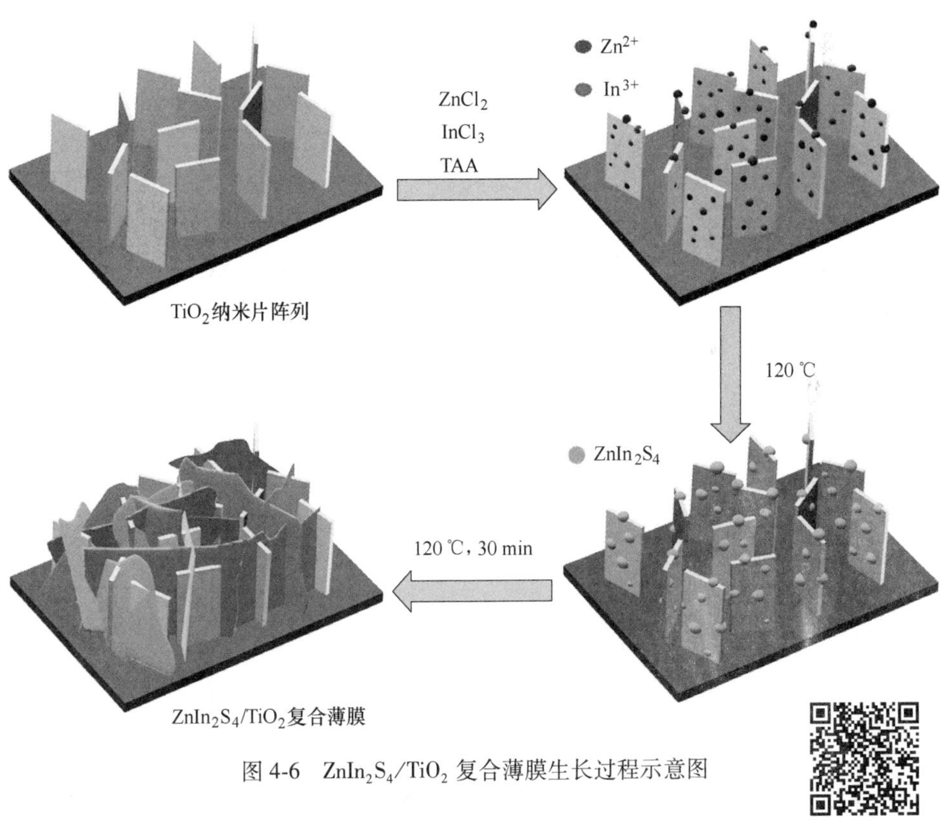

图 4-6 $ZnIn_2S_4/TiO_2$ 复合薄膜生长过程示意图

图 4-6 彩图

4.3.3 $ZnIn_2S_4/TiO_2$ 复合薄膜的光学特性分析

图 4-7 给出了纯 TiO_2 纳米片阵列以及不同反应时间下 $ZnIn_2S_4/TiO_2$ 复合薄膜的紫外-可见光吸收光谱和带隙曲线。从图 4-7（a）可以看出，单一 TiO_2 纳米片的光吸收边约为 380 nm，对应能带宽度为 3.21 eV[31]。当复合了 $ZnIn_2S_4$ 纳米片后，光吸收范围明显拓宽，吸收峰强度变大，在可见光区域有较强的光吸收。随着反应时间的延长，复合薄膜的吸收边逐渐红移，水热反应60 min 的复合薄膜吸

收边约为 526 nm，属于可见光区域（400~760 nm），表明 $ZnIn_2S_4$ 纳米片与 TiO_2 纳米片复合后，$ZnIn_2S_4$ 发挥了窄带隙半导体的优势，扩大了光吸收范围，在紫外光和可见光区均具有良好的光吸收特性，提高了薄膜的光吸收能力。这种 2D-2D 的多方向纳米片之间会发生多重光散射，从而增加了光吸收路径，这有利于产生更多的光生载流子，在光电化学测试中增强光电流，从而提高光催化能力。

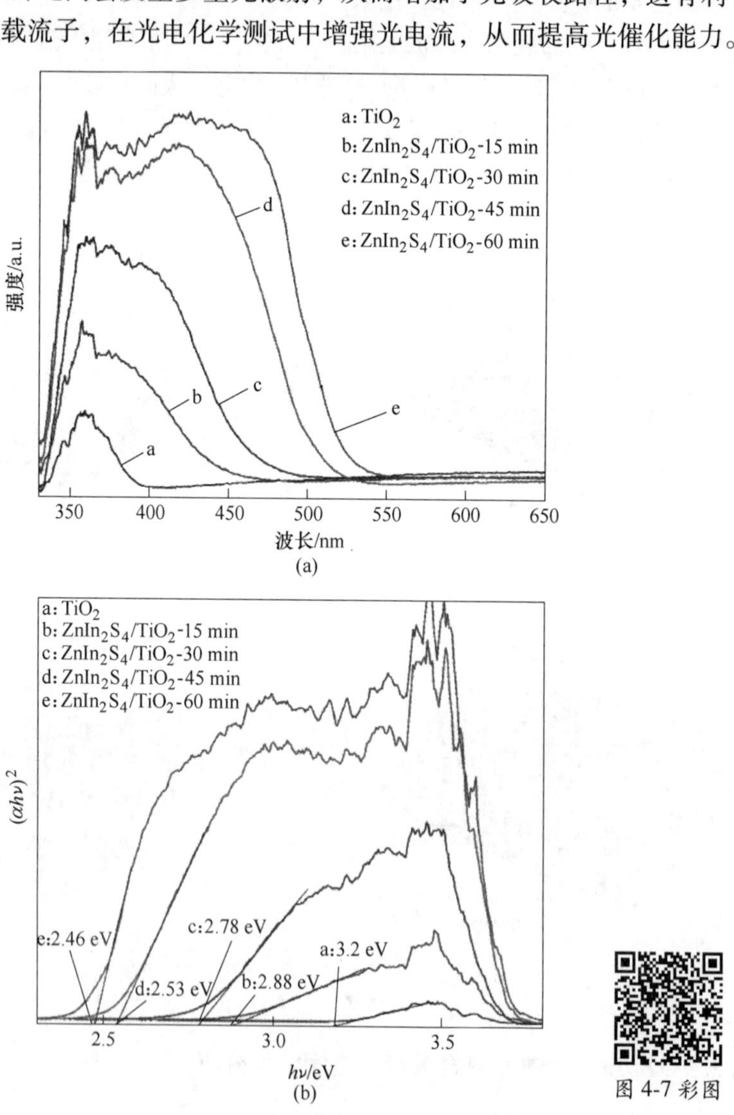

图 4-7 TiO_2 纳米片阵列及不同水热反应时间的 $ZnIn_2S_4/TiO_2$ 复合薄膜的紫外-可见光吸收光谱（a）和 $(\alpha h\nu)^2$-$h\nu$ 曲线（b）

图 4-7（b）为通过经典的 Tauc 方法推算出的 TiO_2 纳米片阵列薄膜及不同反应时间的 $ZnIn_2S_4/TiO_2$ 复合薄膜的带隙宽度[32-33]。单纯的 TiO_2 纳米片的带隙宽

度为 3.2 eV，与理论值一致。反应时间为 15 min、30 min、45 min、60 min 的 $ZnIn_2S_4/TiO_2$ 复合薄膜的带隙宽度分别为 2.88 eV、2.78 eV、2.53 eV、2.46 eV，随着反应时间的延长，薄膜的带隙宽度逐渐减小，与光吸收曲线呈现的规律一致。

4.3.4 $ZnIn_2S_4/TiO_2$ 复合薄膜的光电化学特性分析

为了研究 $ZnIn_2S_4/TiO_2$ 复合薄膜的光电化学特性，选用 0.35 M(0.35 mol/L) Na_2SO_3 和 0.25 M（0.25 mol/L）Na_2S 水溶液作为多硫电解液，采用传统的三电极体系进行测试，$ZnIn_2S_4/TiO_2$ 复合薄膜作为工作电极，对电极为 Pt 丝，Ag/AgCl 电极作为参比电极。

图 4-8（a）为 TiO_2、$ZnIn_2S_4/TiO_2$ 复合薄膜的电流密度-电压曲线（*J-V* 曲线）。在黑暗环境下，所有样品的电流密度几乎为零，可以忽略不计；当处于光照环境时，电流密度均有提高，但 TiO_2 纳米片阵列薄膜的电流密度增长幅度不大，在 1.23 V(vs. RHE）时，电流密度约为 0.07 mA/cm^2。而 $ZnIn_2S_4/TiO_2$ 复合薄膜的电流密度均有大幅度增加，水热反应 30 min 的样品电流密度最大，达到 0.42 mA/cm^2，是单纯 TiO_2 薄膜的 6 倍左右。复合结构中，TiO_2 纳米片的比表面积大，能够与较多的 $ZnIn_2S_4$ 纳米片形成异质结构，从而提高光捕获率，提高光生电荷数量。同时 TiO_2 纳米片阵列有利于光生电荷转移到 FTO 衬底，继而传导至外电路[34]。观察图 4-8（a）中不同反应时间的复合薄膜可知，随着反应时间的延长，薄膜的电流密度逐渐增大，在反应 30 min 时达到最大值，之后电流密度开始下降，不同反应时间得到的复合薄膜的电流密度总体呈现先增大后减小的变化趋势。

图 4-8（b）为 0.3 V（1.23 V vs. RHE）偏压下，TiO_2 纳米片阵列及 $ZnIn_2S_4/TiO_2$ 复合薄膜在 100 s 亮暗状态循环下的 *J-t* 曲线，从图中观察到没有光照时，样品的电流密度几乎为零，但是当开始光照时，电流密度迅速升高，并保持在一个相对稳定的数值，直到光源关闭，电流密度再次下降至零。电流密度的快速升降变化说明样品的光响应速度很快，也就是说光生载流子发生了快速的分离和转移。随着反应时间延长，电流密度的变化为先增大后减小，与 *J-V* 曲线一致。$ZnIn_2S_4$ 纳米片与 TiO_2 纳米片复合后形成异质结构，增大了薄膜的比表面积，为光催化反应提供了更多的反应活性位点，从而提高了薄膜的电流密度。随着反应时间的延长，根据 SEM 的结果可知，$ZnIn_2S_4$ 纳米片的厚度逐渐增加，过厚的 $ZnIn_2S_4$ 纳米片使载流子的传输距离变大，为光生电子和空穴的复合提供了机会，从而导致电流密度下降。

为了解 TiO_2 纳米片阵列和 $ZnIn_2S_4/TiO_2$ 复合薄膜的电荷转移速率，利用电化学工作站进行了电化学阻抗（EIS）测试，频率范围为 0.01 Hz~100 kHz。图 4-9

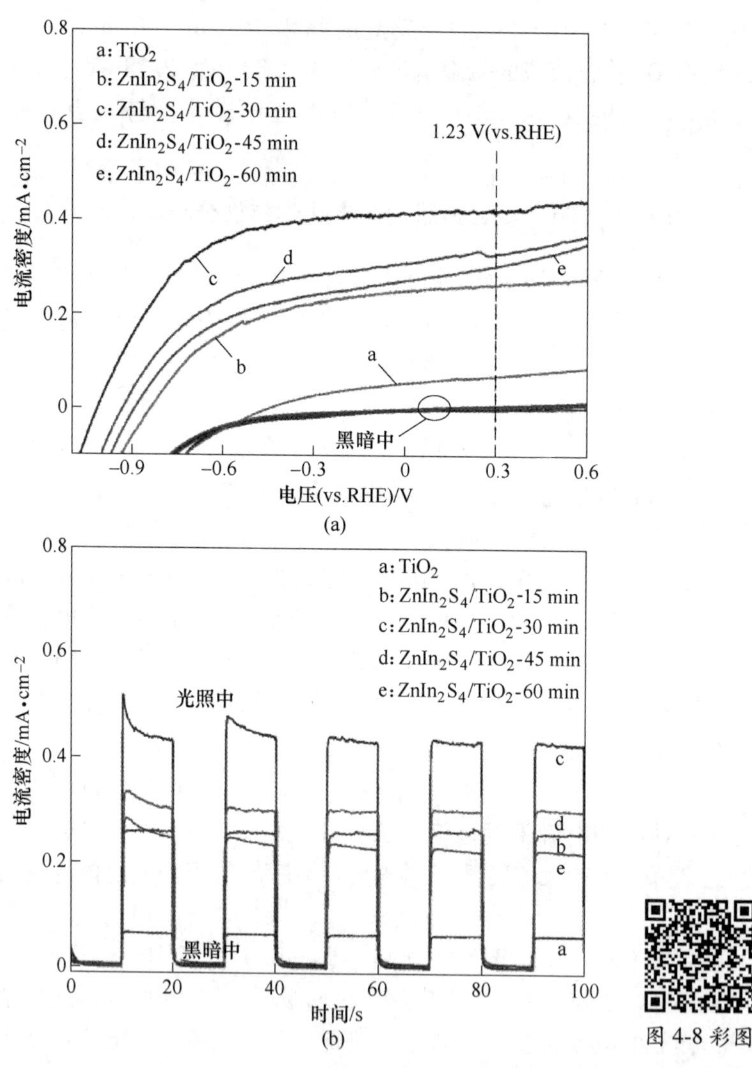

图 4-8　TiO_2 纳米片阵列及 $ZnIn_2S_4/TiO_2$ 复合薄膜光电极的 *J-V* 曲线（a）和 *J-t* 曲线（b）

为 TiO_2 纳米片阵列和水热反应 30 min 的 $ZnIn_2S_4/TiO_2$ 复合薄膜的电化学阻抗（EIS）图谱，从 EIS 图谱中可以看出，两个样品的阻抗图都是由两部分组成，分别为高频区的半圆和低频区的斜线。在高频区，$ZnIn_2S_4/TiO_2$ 复合薄膜的圆弧半径明显小于单纯的 TiO_2 纳米片阵列薄膜，这说明复合薄膜的电荷转移电阻比 TiO_2 纳米片阵列薄膜的小，表明复合薄膜电极与电解液之间的电荷传输较容易，界面电荷的转移较快。低频区斜率表示电解液中的离子扩散到电极材料结构内的扩散内阻，从图 4-9 中观察到，$ZnIn_2S_4/TiO_2$ 复合薄膜的斜率较大，即扩散电阻较小，说明电解液离子的扩散速率非常大。EIS 图谱证实了复合薄膜具备优异的电荷转移能力。这可能是由于 $ZnIn_2S_4$ 纳米片和 TiO_2 纳米片构成的异质结构提供了更多的反应活性位点，同时这种异质结构由于接触面积较大，为电子的传输和转移提供了更多的路径，从而提高了电子和空穴的转移能力。

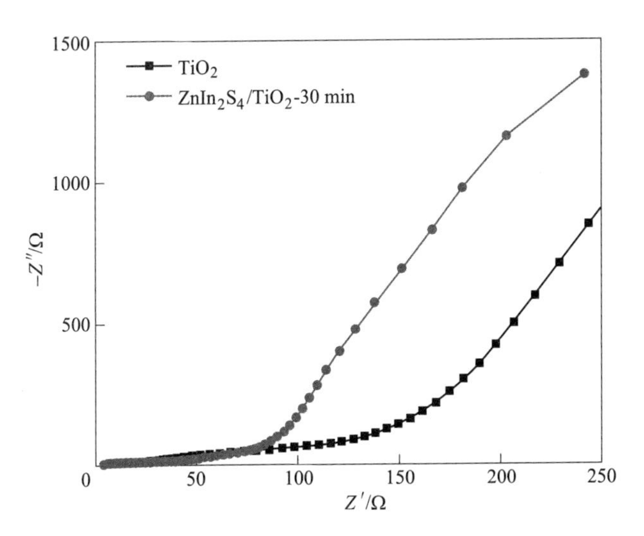

图 4-9 TiO_2 纳米片阵列和 $ZnIn_2S_4/TiO_2$ 复合薄膜的电化学阻抗（EIS）图谱

为深入了解反应机理，使用 M-S 方法估算了 TiO_2纳米片和 $ZnIn_2S_4$ 纳米片薄膜的导带（CB）和价带（VB）电位，如图 4-10 所示。薄膜的平带电势可以使用 M-S 公式估算：

$$\frac{1}{C^2}=\frac{2}{e\varepsilon_0\varepsilon_r N_d}\left(V-V_{FB}-\frac{kT}{e}\right) \tag{3-3}$$

式中，e、ε_0、ε_r、N_d、V、V_{FB}、k 和 T 分别为基本电荷、真空的介电常数、TiO_2 或 $ZnIn_2S_4$ 的相对介电常数、载流子密度、施加电势、平带电势、玻耳兹曼常数和绝对温度[35]。M-S 图中曲线的线性部分的正斜率表明 TiO_2 纳米片和 $ZnIn_2S_4$ 纳米片是具有电子传导性的 n 型半导体。通过外推 M-S 曲线中线性区域的 x 截距，可以确定 TiO_2 和 $ZnIn_2S_4$ 的平带电势（V_{FB}）分别为−0.52 V 和−0.82 V。由于某些 n 型半导体的导带（CB）边缘通常比 V_{FB}负大约 0.1[36]，因此 $ZnIn_2S_4$ 纳米片的 CB 电位可以估计为−0.82−0.1=−0.92 V（vs. NHE），VB 电位被确定为 2.7−0.92=1.78 V(vs. NHE)（合成 30 min 的 $ZnIn_2S_4$ 纳米片的 E_g为 2.7 eV）。同样，相对于 NHE，TiO_2 纳米片的 CB 电位和 VB 电位估计为−0.62 V 和 2.58 V。因此，可以提出一种可能的电荷转移和光催化过程，如图 4-11 所示。$ZnIn_2S_4$ 的 VB 和 CB 电位均高于 TiO_2。$ZnIn_2S_4/TiO_2$ 复合薄膜属于典型的Ⅱ型异质结[23]，化学势的差异导致异质结界面处的能带弯曲，驱动光致电子从 $ZnIn_2S_4$ 迁移至 TiO_2，光致空穴向相反方向迁移。因此，水分子可能会被 $ZnIn_2S_4$ VB 中的空穴氧化而产生 O_2。

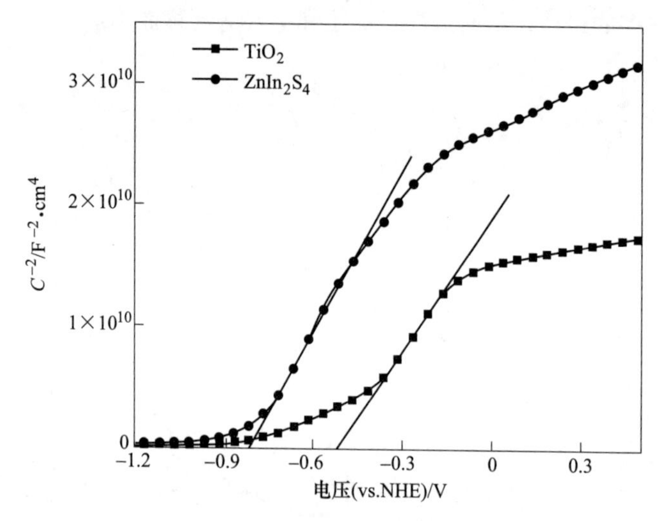

图 4-10 TiO_2 纳米片和 $ZnIn_2S_4$ 纳米片薄膜的莫特-肖特基（M-S）曲线

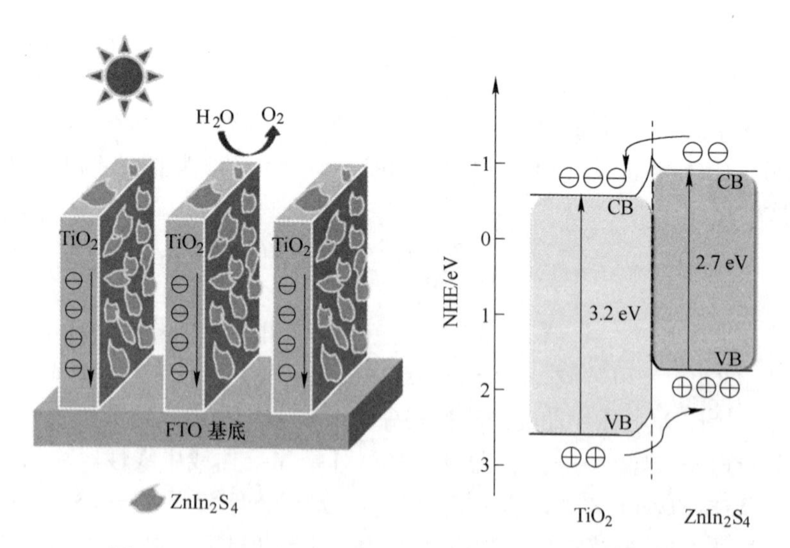

图 4-11 $ZnIn_2S_4/TiO_2$ 复合薄膜的电荷转移和光催化过程

4.4 本章小结

本章利用水热法制备了 $ZnIn_2S_4/TiO_2$ 复合薄膜，并对薄膜的结构和形貌进行了表征分析，还探究了不同水热反应时间对样品的形貌、光吸收性能和光电化学特性的影响，最后通过电化学阻抗（EIS）和莫特-肖特基（M-S）测试分析了复合薄膜性能提高的可能原因。

（1）XRD、EDX 结果表明通过水热法合成了纯相的 $ZnIn_2S_4$，证明了 $ZnIn_2S_4/TiO_2$ 复合薄膜已成功制备。通过 SEM、TEM 图像观察到，$ZnIn_2S_4$ 纳米片覆盖在 TiO_2 纳米片表面，构建了异质结构，有效增加了薄膜的比表面积。

（2）通过紫外-可见光吸收光谱可知，复合 $ZnIn_2S_4$ 纳米片后，明显将薄膜的光吸收范围扩大至可见光区域，光吸收的强度也有大幅提高。通过观察不同反应时间的光吸收能力发现，随着水热反应时间的延长，复合薄膜的光吸收范围逐渐扩大，推算出的带隙宽度逐渐减小，说明薄膜带隙宽度具有可调控性。

（3）PEC 测试结果显示，$ZnIn_2S_4/TiO_2$ 复合薄膜电流密度远大于单纯的 TiO_2 纳米片，水热反应 30 min 的样品电流密度最大，达到 0.43 mA/cm^2，约是单纯 TiO_2 薄膜的 6 倍。并观察到水热反应时间对薄膜的电流密度有一定影响，随着反应时间的延长，电流密度呈现先增大后减小的变化规律，原因是过厚的 $ZnIn_2S_4$ 纳米片延长了光生电荷的传输距离，提高了光生电子和空穴的复合概率。

（4）通过 EIS 测试可知，$ZnIn_2S_4/TiO_2$ 复合薄膜具有更小的电荷转移电阻和扩散内阻，证实了复合薄膜具备优异的电荷转移能力。M-S 结果表明，$ZnIn_2S_4$ 的 VB 和 CB 电位均高于 TiO_2，二者形成的异质结构具备优异的光生电荷的分离和转移能力。上述结果分析进一步解释了 $ZnIn_2S_4/TiO_2$ 复合薄膜光电化学性能提高的可能原因。

参 考 文 献

[1] MONIZ S J A, SHEVLIN S A, MARTIN D J, et al. Visible-light driven heterojunction photocatalysts for water splitting—A critical review [J]. J. Energy Environ. Sci., 2015, 8: 731-759.

[2] HISATOMI T, KUBOTA J, DOMEN K. Recent advances in semiconductors for photocatalytic and photoelectrochemical water splitting [J]. Chem. Soc. Rev., 2014, 43: 7520-7535.

[3] MA Z, SONG K, WANG L, et al. $WO_3/BiVO_4$ type-Ⅱ heterojunction arrays decorated with oxygen-deficient ZnO passivation layer: A highly efficient and stable photoanode [J]. ACS Appl. Mater. Interfaces, 2019, 11: 889-897.

[4] AHMED M G, KRETSCHMER I E, KANDIEL T A, et al. A facile surface passivation of hematite photoanodes with TiO_2 overlayers for efficient solar water splitting [J]. ACS Appl. Mater. Interfaces, 2015, 7: 24053-24062.

[5] WANG X, XIE J, LI C M. Architecting smart "umbrella" Bi_2S_3/rGO-modified TiO_2 nanorod array structures at the nanoscale for efficient photoelectrocatalysis under visible light [J]. J. Mater. Chem. A, 2015, 3: 1235-1242.

[6] AI G, MO R, LI H, et al. Cobalt phosphate modified TiO_2 nanowire arrays as co-catalysts for solar water splitting [J]. Nanoscale, 2015, 7: 6722-6728.

[7] SU J, GENG P, LI X, et al. Novel phosphorus doped carbon nitride modified TiO_2 nanotube arrays with improved photoelectrochemical performance [J]. Nanoscale, 2015, 7: 16282-16289.

[8] LINSEBIGLER A L, LU G, YATES J T., Photocatalysis on TiO_2 surfaces: Principles, mechanisms, and selected results [J]. Chem. Rev., 1995, 95: 735-758.

[9] CHENG S, FU W, YANG H, et al. Photoelectrochemical performance of multiple semiconductors (CdS/CdSe/ZnS) cosensitized TiO_2 photoelectrodes [J]. J. Phys. Chem. C, 2012, 116: 2615-2621.

[10] FAN X, WANG T, GAO B, et al. Preparation of the TiO_2/graphic carbon nitride core-shell array as a photoanode for efficient photoelectrochemical water splitting [J]. Langmuir, 2016, 32: 13322-13332.

[11] YAO H, FU W, YANG H, et al. Growth of two-dimensional TiO_2 nanosheets array films and enhanced photoelectrochemical properties sensitized by CdS quantum dots [J]. Electrochim. Acta, 2014, 125: 258-265.

[12] RASIN A, ZHAO L, MOZER A J, et al. Enhanced electron lifetime of CdSe/CdS quantum dots (QDs) -sensitized solar cells using ZnSe core-shell structure with efficient regeneration of QDs [J]. J. Phys. Chem. C, 2015, 119: 2297-2307.

[13] KRBAL M, PRIKRYL J, ZAZPE R, et al. CdS-coated TiO_2 nanotube layers: Downscaling tube diameter towards efficient heterostructured photoelectrochemical conversion [J]. Nanoscale, 2017, 9: 7755-7759.

[14] CAI F, YANG F, ZHANG Y, et al. PbS sensitized TiO_2 nanotube arrays with different sizes and filling degrees for enhancing photoelectrochemical properties [J]. Phys Chem. Chem. Phys., 2014, 21: 23967-23974.

[15] YANG S, ZHAO P, ZHAO X, et al. InP and Sn: InP based quantum dot sensitized solar cells [J]. J. Mater. Chem. A, 2015, 3: 21922-21929.

[16] YANG H G, SUN C H, QIAO S Z, et al. Anatase TiO_2 single crystals with a large percentage of reactive facets [J]. Nature, 2008, 453: 638.

[17] YAO H, MA J, MU Y, et al. Hierarchical TiO_2 nanoflowers/nanosheets array film: Synthesis, growth mechanism and enhanced photoelectrochemical properties [J]. RSC Adv., 2015, 5: 6429-6436.

[18] LIU P, HUO X, TANG Y, et al. A TiO_2 nanosheet-g-C_3N_4 composite photoelectrochemical enzyme biosensor excitable by visible irradiation [J]. Anal. Chim. Acta., 2017, 984: 86-95.

[19] MENG A, ZHANG J, XU D, et al. Enhanced photocatalytic H_2-production activity of anatase TiO_2 nanosheet by selectively depositing dual-cocatalysts on {101} and {001} facets [J]. Appl. Catal. B: Environ., 2016, 198: 286-294.

[20] Mao G, XU M, YAO S, et al. Direct growth of Cr-doped TiO_2 nanosheet arrays on stainless steel substrates with visible-light photoelectrochemical properties [J]. New J. Chem., 2018, 42: 1309-1315.

[21] CHAI B, PENG T, ZENG P, et al. Template-free hydrothermal synthesis of $ZnIn_2S_4$ floriated microsphere as an efficient photocatalyst for H_2 production under visible-light irradiation [J].

J. Phys. Chem. C, 2011, 115: 6149-6155.

[22] FANG F, CHEN L, CHEN Y, et al. Synthesis and photocatalysis of $ZnIn_2S_4$ nano/micropeony [J]. J. Phys. Chem. C, 2010, 114: 2393-2397.

[23] LIU Q, LU H, SHI Z, et al. 2D $ZnIn_2S_4$ nanosheet/1D TiO_2 nanorod heterostructure arrays for improved photoelectrochemical water splitting [J]. ACS Appl. Mater. Interfaces, 2014, 6: 17200-17207.

[24] LIU Q, WU F, CAO F, et al. A multijunction of $ZnIn_2S_4$ nanosheet/TiO_2 film/Si nanowire for significant performance enhancement of water splitting [J]. Nano Res., 2015, 8: 3524-3534.

[25] YIN X, SHENG P, ZHONG F, et al. CdS/$ZnIn_2S_4$/TiO_2 3D-heterostructures and their photoelectrochemical properties [J]. New J. Chem., 2016, 40: 6675-6685.

[26] LIN B, LI H, AN H, et al. Preparation of 2D/2D g-C_3N_4 nanosheet @ $ZnIn_2S_4$ nanoleaf heterojunctions with well-designed highspeed charge transfer nanochannels towards high-efficiency photocatalytic hydrogen evolution [J]. Appl. Catal. B: Environ., 2018, 220: 542-552.

[27] YONG Y, CHEN D, ZHONG J, et al. Interface engineering of a noble-metal-free 2D-2D MoS_2/Cu-$ZnIn_2S_4$ photocatalyst for enhanced photocatalytic H_2 production [J]. J. Mater. Chem. A, 2017, 5: 15771-15779.

[28] LI X, WANG X, ZHU J, et al. Fabrication of two-dimensional Ni_2P/$ZnIn_2S_4$ heterostructures for enhanced photocatalytic hydrogen evolution [J]. Chem. Eng. J., 2018, 353: 15-24.

[29] TAN P, ZHU A, QIAO L, et al. Constructing a direct Z-scheme photocatalytic system based on 2D/2D WO_3/$ZnIn_2S_4$ nanocomposite for efficient hydrogen evolution under visible light [J]. Inorg. Chem. Front., 2019, 6: 929-939.

[30] GUAN Z, PAN J, LI Q, et al. Boosting visible-light photocatalytic hydrogen evolution with an efficient $CuInS_2$/$ZnIn_2S_4$ 2D/2D heterojunction [J]. ACS Sustainable Chem. Eng., 2019, 7: 7736-7742.

[31] CHENG X, YU X, XING Z, et al. Enhanced visible light photocatalytic activity of mesoporous anatasecodoped with nitrogen and chlorine [J]. Int. J. Photoenergy, 2012, 7: 593245.

[32] CHENG K W, HUANG C M, YU Y C, et al. Photoelectrochemical performance of Cu-doped $ZnIn_2S_4$ electrodes created using chemical bath deposition [J]. Sol. Energ. Mat. Sol. C, 2011, 95: 1940-1948.

[33] PENG S, ZHU P, THAVASI V, et al. Facile solution deposition of $ZnIn_2S_4$ nanosheet films on FTO substrates for photoelectric application [J]. Nanoscale, 2011, 3: 2602-2608.

[34] YAO H, LIU L, FU W, et al. Fe_2O_3 nanothorns sensitized two-dimensional TiO_2 nanosheets for highly efficient solar energy conversion [J]. Flatchem, 2017, 3: 1-7.

[35] YUAN W, YUAN J, XIE J, et al. Polymer-mediated self-assembly of TiO_2@ Cu_2O core-shell nanowire array for highly efficient photoelectrochemical water oxidation [J]. ACS Appl. Mater. Interfaces, 2016, 8: 6082-6092.

[36] WANG J, LUO J, LIU D, et al. One-pot solvothermal synthesis of MoS_2-modified $Mn_{0.2}Cd_{0.8}S$/MnS heterojunction photocatalysts for highly efficient visible-light-driven H_2 production [J]. Appl. Catal. B, 2019, 241: 130-140.

5 $CaIn_2S_4$ 薄膜的制备及光电特性研究

5.1 引　　言

可再生能源的开发存储和利用技术对于减轻环境污染和能源危机至关重要[1-3]。由于可见光约占阳光总辐射量的43%[4-6]，具有高性能的可见光响应光催化剂已经引起了全球极大的关注。人们致力于开发具有可见光光催化活性的新材料，如金属氧化物、金属硫化物/氧硫化物、金属氮化物和无金属光催化剂等[7-10]。在各种硫化物催化剂中，具有纳米结构的三元金属硫化物 MIn_2S_4（M = Zn，Cd，Cu，Co，Ni，Fe）因其合适的能隙、卓越的光催化性能和高稳定性引起了科研工作者广泛的研究兴趣[11-15]。$CaIn_2S_4$ 具有窄能隙，是一种可见光驱动的三元硫化物半导体，在水溶液中表现出良好的光催化活性。$CaIn_2S_4$ 晶体已被用于光催化分解水制氢[16-19]，降解有机染料、重金属离子如 Cr(Ⅵ)[20-25]，以及一氧化氮（NO）等[26-27]。

二维（2D）纳米结构具有丰富的吸收和反应位点以及较大的比表面积，在光催化应用中具备明显优势[28]。已有研究报道了 $CaIn_2S_4$ 纳米片的合成和光催化性质。例如，Chen 等合成了 2D $CaIn_2S_4$/g-C_3N_4 异质结纳米复合材料，表现出增强的 H_2 产出率和针对甲基橙（MO）的光催化降解活性，优化的 $CaIn_2S_4$/g-C_3N_4 纳米复合材料显示出 102 μmol/(g · h) 的 H_2 产生率[19]。Li 等通过简单的一步微波水热法制备了碳纳米管（CNTs）-$CaIn_2S_4$ 纳米片复合光催化剂，由于 CNTs 和 $CaIn_2S_4$ 纳米片之间的强耦合界面，该光催化剂对 X-3B 染料降解和 H_2 产出表现出良好的光催化活性[20]。Bao 等使用一步水热法制备了 $CaIn_2S_4$ 纳米片-还原石墨烯氧化物（RGO）纳米复合材料。该复合材料对 RhB 降解和苯酚氧化表现出良好的可见光催化效率[23]。

与致密薄膜相比，在导电基底上制备的高度有序的一维或二维阵列结构具有丰富的反应位点、增加的光散射长度以及直接的电子传输途径[29-31]。而且，薄膜形态的催化剂在催化反应结束后可以省略分离和回收程序，避免产生二次污染。然而，目前关于 $CaIn_2S_4$ 的研究主要集中在粉体形态的制备和光催化性质研究方面，关于 $CaIn_2S_4$ 薄膜的研究仍鲜有报道。因此，开发一种在导电基底上原位生长具有良好光催化性能 $CaIn_2S_4$ 薄膜的有效方法具有重要意义。

5.2 实验部分

5.2.1 实验试剂

第5~7章实验中所涉及的化学试剂及规格列于表5-1。

表5-1 实验所需试剂及规格

试剂名称	化学式	规格	生产厂家
无水乙醇	CH_3COCH_3	分析纯	天津市风船化学试剂有限公司
氯化钾	KCl	分析纯	上海国药集团化学试剂有限公司
钛酸四丁酯	$C_{16}H_{36}O_4Ti$	分析纯	上海阿拉丁生化科技股份有限公司
硝酸钙	$Ca(NO_3)_2$	分析纯	上海阿拉丁生化科技股份有限公司
三氯化铟	$InCl_3 \cdot 4H_2O$	99.9%	上海阿拉丁生化科技股份有限公司
硫代乙酰胺	C_2H_5NS	≥98.0%	上海阿拉丁生化科技股份有限公司
硫酸钠	Na_2SO_4	≥99.0%	上海阿拉丁生化科技股份有限公司
甲基橙	$C_{14}H_{14}N_3SO_3Na$	分析纯	上海麦克林生化科技有限公司
1-萘酚	$C_{10}H_8O$	分析纯	上海阿拉丁生化科技股份有限公司

5.2.2 $CaIn_2S_4$ 多级纳米片薄膜的制备

采用水热法在ITO透明导电玻璃（珠海凯夫电子元件有限公司，透射率不小于77%）衬底上合成 $CaIn_2S_4$ 结构薄膜。本书相关实验中所用试剂均为分析纯。首先将ITO衬底裁切成30 mm × 15 mm，依次使用丙酮、乙醇和去离子水各超声清洗30 min，烘干备用。配制反应溶液：将0.25 mmol的 $Ca(NO_3)_2$ 和0.5 mmol的 $InCl_3 \cdot 4H_2O$ 溶于20 mL去离子水中，继而加入1.5 mmol半胱氨酸，磁力搅拌30 min后，将混合溶液倒入聚四氟乙烯内衬反应釜中，最后将ITO衬底导电面倾斜向下放在反应溶液中，反应釜密封后置于烘箱中，160 ℃恒温反应6 h，待反应结束后反应釜自然冷却至室温。用大量去离子水冲洗样品，得到黄色 $CaIn_2S_4$/ITO薄膜，空气中晾干。

5.2.3 样品表征仪器

样品的晶相和结晶度通过Rigaku Ultima Ⅳ X射线衍射仪（Cu Kα 辐射，λ = 0.1541 nm）进行分析。形貌采用FESEM（日立S-4800）在10 kV的加速电压下进行表征。透射电子显微镜（TEM）图像采用操作电压为200 kV的JEOL JEM-2100F获得。薄膜的紫外-可见光（UV-vis）反射光谱采用带有积分球的Shimadzu UV-2550分光光度计进行测量，然后将光谱转换为吸收光谱和能隙光谱。

5.2.4 光电化学性能测试

采用传统的三电极体系测试样品的光电化学特性，以 Pt 丝作为对电极，以 Ag/AgCl 电极作为参比电极，以合成的 $CaIn_2S_4$ 薄膜作为工作电极。电解液是中性的 Na_2SO_4 水溶液（0.2 M，即 0.2 mol/L）。通过电化学工作站（CHI 660E，上海辰华）记录样品的瞬态光电流。光源为 500 W 的氙灯（CEL-S500L），光强已校准至 AM 1.5 的 100 mW/cm^2。

5.2.5 光催化性能测试

在 300 W 氙灯照射下测试 $CaIn_2S_4$ 分级纳米片薄膜的光催化活性，分别对甲基橙（MO）水溶液（5 mg/L）和 1-萘酚水溶液（3 mg/L）进行降解实验。在光照前，将待降解溶液与薄膜样品搅拌 30 min 以建立吸附-解吸平衡。使用紫外-可见分光光度计（Shimadzu UV-2550）监测了 MO 和 1-萘酚的浓度。

5.3 $CaIn_2S_4$ 纳米片多级结构薄膜的表征与特性分析

5.3.1 结构分析

图 5-1 为 160 ℃、反应 6 h 条件下得到的 $CaIn_2S_4$ 薄膜的 XRD 图谱，除 ITO 导电玻璃的衍射峰（JCPDS No. 44-1078）以外，其余所有的衍射峰均与立方相 $CaIn_2S_4$(JCPDS No. 31-0172) 对应良好，衍射峰尖锐清晰，2θ 值位于 27.25°、28.51°、33.04°、43.46° 和 47.53° 的衍射峰，分别对应 $CaIn_2S_4$ 的（311）、(222)、(400)、（511）和（440）晶面。没有其他杂质如 CaS、In_2S_3 的衍射峰出现，说明薄膜纯度高。ITO 玻璃表面完全被黄色 $CaIn_2S_4$ 薄膜覆盖，且薄膜附着力较好，没有出现脱落。

5.3.2 形貌及能谱分析

图 5-2 为 ITO 衬底的 SEM 图像，可以看出 ITO 衬底表面较光滑平整，整个薄膜的厚度约为 200 nm。

图 5-3 为 160 ℃、反应 6 h 条件下得到的薄膜的 SEM 图像和能谱及元素分布图谱。从图 5-3（a）低倍数下的正面 SEM 图看出整个 ITO 衬底表面均匀生长着大量的 $CaIn_2S_4$ 纳米片，这些纳米片相互交错形成网状薄膜。图 5-3（b）放大图中显示纳米片的厚度约为 20 nm，纳米片长度在 200~1000 nm，说明薄膜具有较大的比表面积，在光催化反应中存在较多反应位点，纳米片之间较大的空隙有利于光催化反应过程中电解液的渗透。图 5-3（c）和图 5-3（d）为不同放大倍数

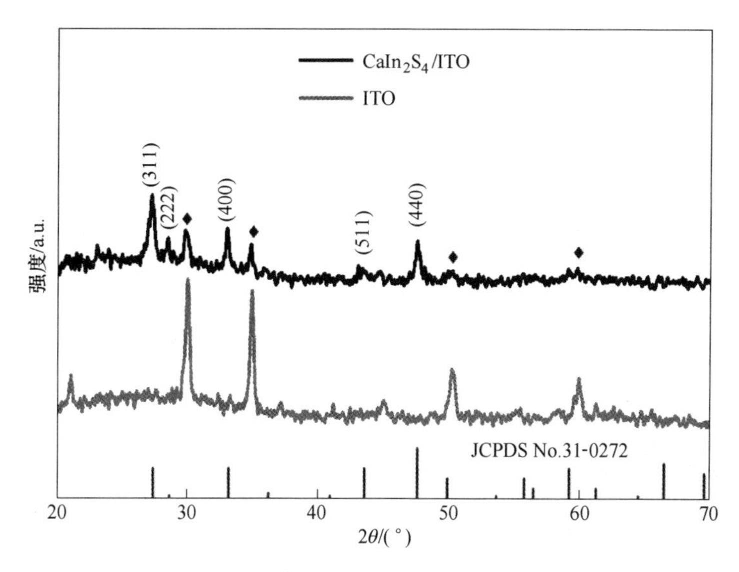

图 5-1 160 ℃、6 h 条件下制备的 $CaIn_2S_4$ 薄膜的 XRD 图谱

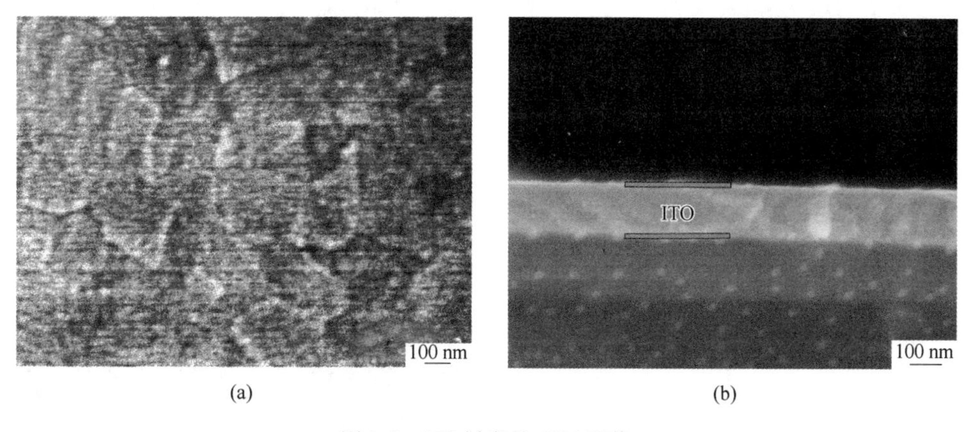

图 5-2 ITO 衬底的 SEM 图像

（a）俯视图；（b）横截面图

下薄膜的横截面 SEM 图，可以看出 $CaIn_2S_4$ 与 ITO 衬底结合紧密，且生长均匀，整个薄膜的厚度约为 3 μm，从放大图中看出 $CaIn_2S_4$ 薄膜底部包含大量纳米颗粒及较小的纳米片，展现出多级生长纳米结构，增强了光在结构内部的散射。图 5-3（e）和图 5-3（f）为薄膜的能谱及元素分布图，其中包含 Ca、In 和 S 三种元素，并且在整个衬底上均匀分布。

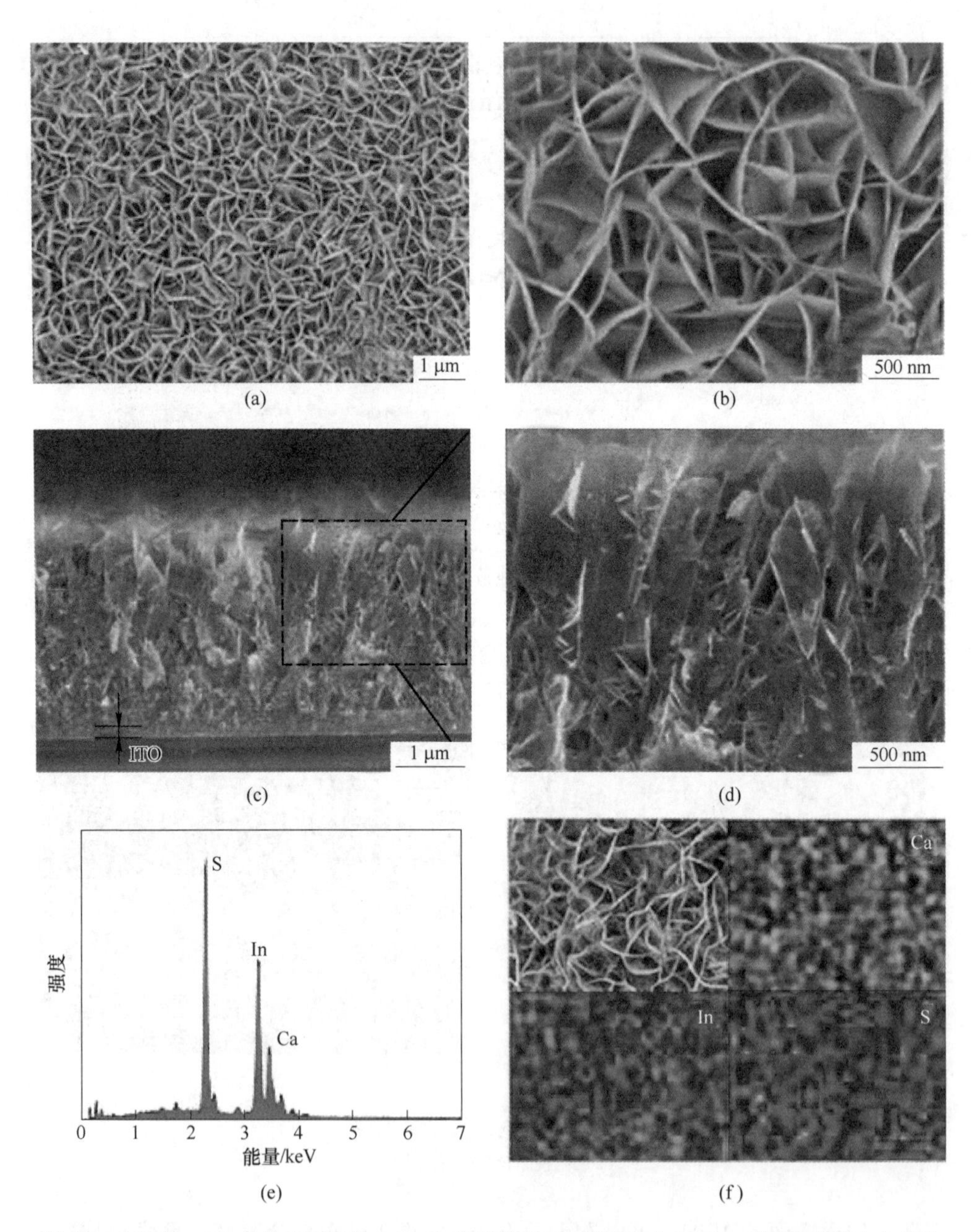

图 5-3　160 ℃、6 h 条件下制备的 $CaIn_2S_4$ 薄膜的 SEM 俯视图（a）（b）、横截面图（c）（d）和能谱（e）及元素分布图（f）

通过 TEM 测试来表征薄膜的形貌及微观结构，如图 5-4 所示。TEM 图 5-4（a）中，$CaIn_2S_4$ 纳米片很薄，与 SEM 观察到的结果相同。HRTEM 测试结果显示晶格清楚，表明样品结晶良好，条纹间距为 0.33 nm，与立方相 $CaIn_2S_4$ 的（311）晶面间距符合。

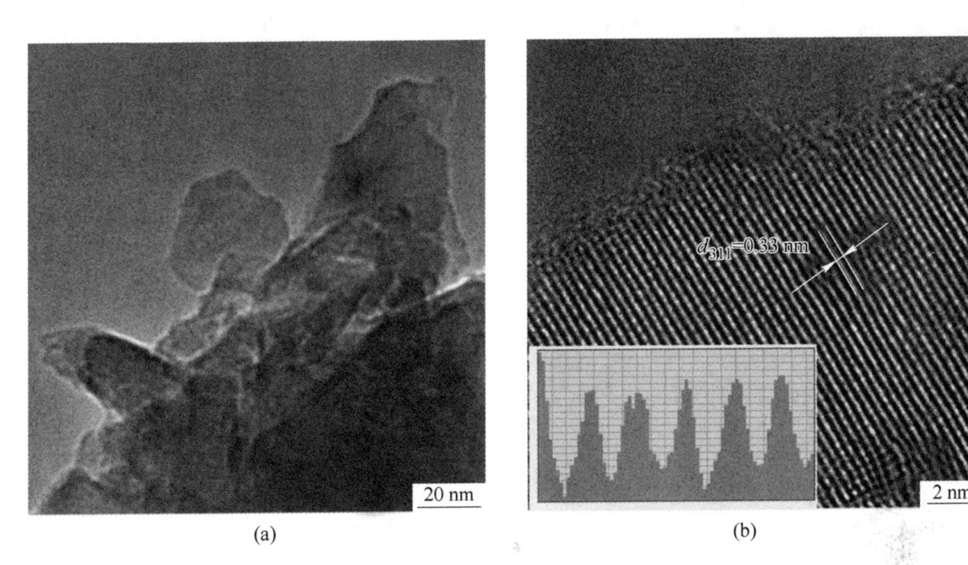

图 5-4 $CaIn_2S_4$ 纳米片的 TEM（a）及 HRTEM（b）图像

5.3.3 生长机理分析

通过控制反应时间来观察 $CaIn_2S_4$ 薄膜在 ITO 衬底上的生长过程，如图 5-5 所示，（a）（b）、（c）（d）、（e）（f）和（g）（h）分别为反应进行 1 h、2 h、4 h 和8 h 所得到样品的俯视和横截面形貌图。从图 5-5（a）（b）中可以看出，当水热反应进行 1 h，ITO 衬底上即已经生长一层薄的海绵状 $CaIn_2S_4$ 纳米片，这

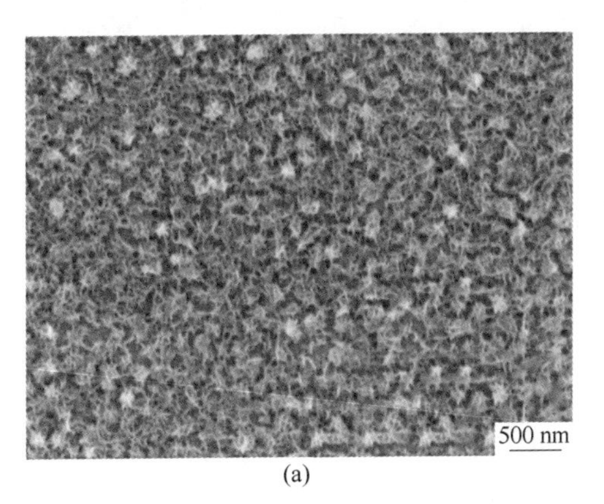

(a)

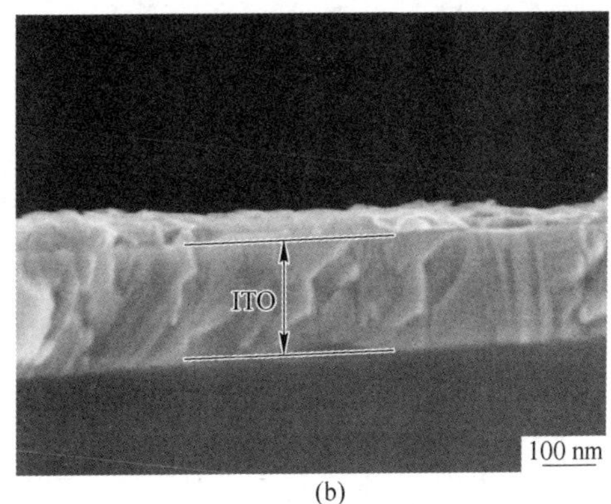

(b)

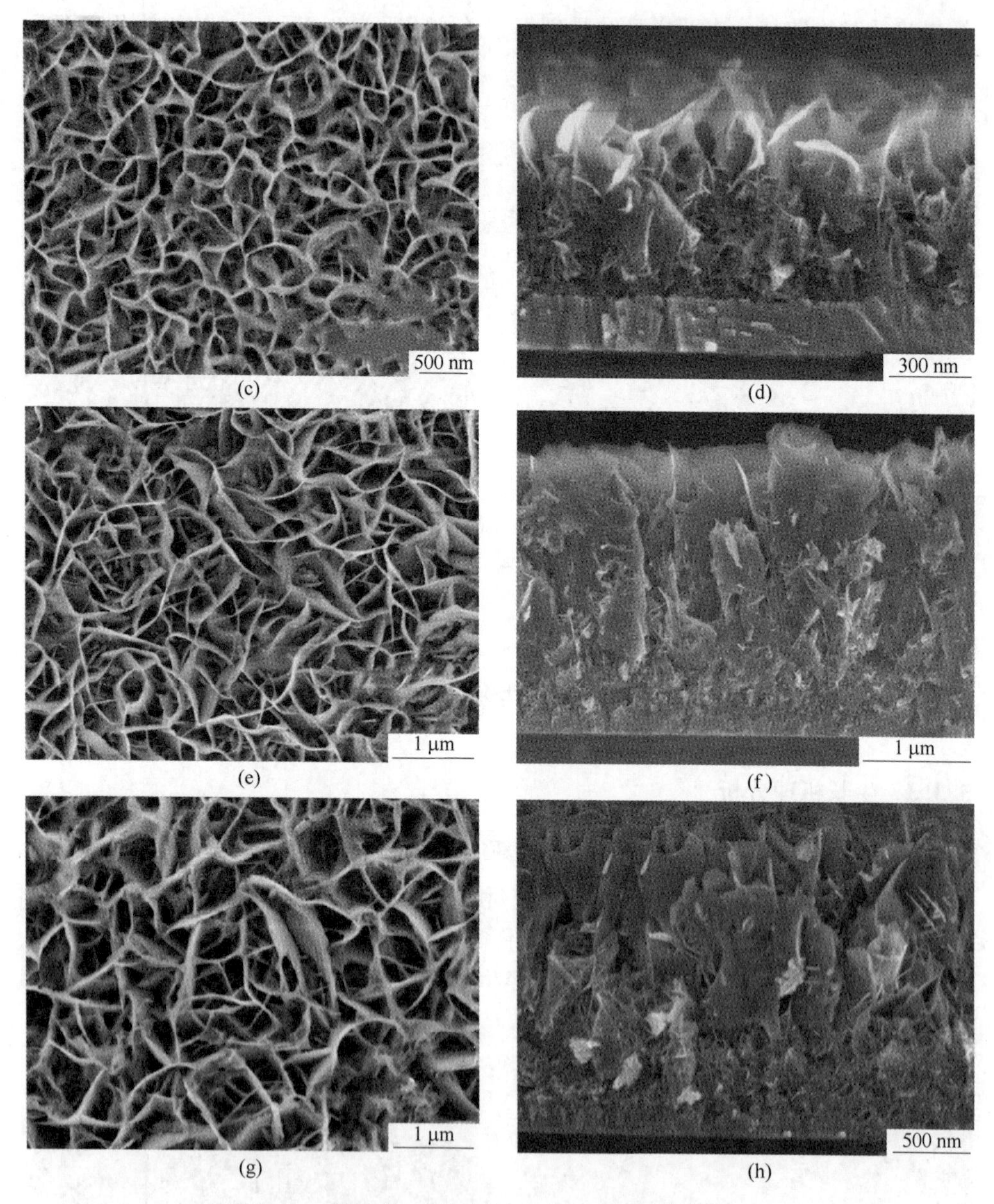

图 5-5　不同反应时间得到的 $CaIn_2S_4$ 薄膜的 SEM 图像

(a)(b) 1 h；(c)(d) 2 h；(e)(f) 4 h；(g)(h) 8 h

些纳米片相互交错，整个薄膜的厚度约为 50 nm。随着反应时间延长至 2 h，可以明显看出纳米片快速生长，纳米片厚度增加至约 10 nm，横截面图也显示整个薄膜厚度增加到 0.72 μm 左右。图 5-5（c）（d）中，待反应时间继续增加至 4 h，纳米片和整个薄膜的厚度分别继续生长至 15 nm 和 2.4 μm。值得注意的是此时在纳米片的表面开始有小的纳米片分支生长。随着反应时间不断增加，到 6 h，纳米片分支长大，多级纳米结构形成，如图 5-5（e）（f）所示。然而，当反应时间达到 8 h 后，虽然纳米片的厚度生长到 40 nm，但整个薄膜厚度减小到 1.7 μm［见图 5-5（g）（h）］。在整个薄膜的生长过程中，纳米片厚度随反应时间增加而增大，最大达到 40 nm。整个薄膜厚度随反应时间增加先增大后减小，6 h 时达到最厚 3 μm。通过控制反应时间调控纳米片的厚度及整个薄膜的厚度。

通过观察薄膜的形貌特征及其随时间的变化趋势，认为薄膜的生长过程如下：首先，由于半胱氨酸分子中含有很强配位倾向的羧基（—COOH）、氨基（$—NH_2$）和巯基（—SH）等官能团[32-33]，在反应体系中，半胱氨酸分子与钙离子（Ca^{2+}）和铟离子（In^{3+}）发生反应形成聚合物［$Ca(cys)_n$］$^{2+}$和［$In(cys)_n$］$^{3+}$。由于半胱氨酸中 S 原子释放缓慢，因此薄膜能够均匀成核和生长。反应方程式如下：

$$Ca^{2+} + nL\text{-cystine} \rightleftharpoons [Ca(L\text{-cystine})_n]^{2+}$$

$$In^{3+} + nL\text{-cystine} \rightleftharpoons [In(L\text{-cystine})_n]^{3+}$$

$$HSCH_2CHNH_2COOH + H_2O \rightleftharpoons CH_3COCOOH + NH_3 + H_2S$$

$$H_2S \rightleftharpoons HS^- + H^+$$

$$HS^- \rightleftharpoons H^+ + S^{2-}$$

$$Ca(NO_3)_2 \cdot 4H_2O + 2InCl_3 \cdot 4H_2O + 4HSCH_2CHNH_2COOH \rightleftharpoons CaIn_2S_4 + 4CH_3COCOOH + 4NH_3 + 6HCl + 2HNO_3 + 8H_2O$$

另外，在水热反应的初始阶段，薄膜的生长速度较快，但随着反应时间的延长，溶液中反应离子大量消耗，纳米片边缘一些不稳定的纳米晶粒开始溶解，并参与到纳米片的横向生长当中，溶液中生长与溶解达到了动态平衡，因此在形貌图中可以看到当反应时间超过 6 h 后，$CaIn_2S_4$ 纳米片的厚度有所增加，但整个薄膜的厚度却减小。总体来说，薄膜的生长可以分为 3 个阶段：反应初始阶段，ITO 表面生成海绵状 $CaIn_2S_4$ 纳米结构。接下来，这些纳米结构竞争生长，越来越多的晶粒的生长融入其他晶粒的生长当中，形成片状形貌和较小的多级结构。最后只有那些生长最快且与衬底表面垂直的晶粒能够存活下来，因此最终得到的是垂直于 ITO 衬底的 $CaIn_2S_4$ 薄膜。

图 5-6 为不同反应温度下样品的 SEM 图像，可以看出随着反应温度的增加，$CaIn_2S_4$ 纳米片的厚度增加，在温度为 130 ℃、140 ℃、150 ℃、170 ℃和 180 ℃时，纳米片的厚度为 8 nm、10 nm、18 nm、30 nm 和 35 nm。反应温度为 180 ℃时，会出现薄膜部分脱落的现象。在水热反应体系中，温度对反应物离子的扩散和 $CaIn_2S_4$ 晶粒的形成起到至关重要的作用。较高的反应温度会导致晶粒的快速成核和快速生长，最终 $CaIn_2S_4$ 纳米片的厚度也会随之增加，但是薄膜的内部应力也会增加，进而导致薄膜附着性差，出现脱落现象。

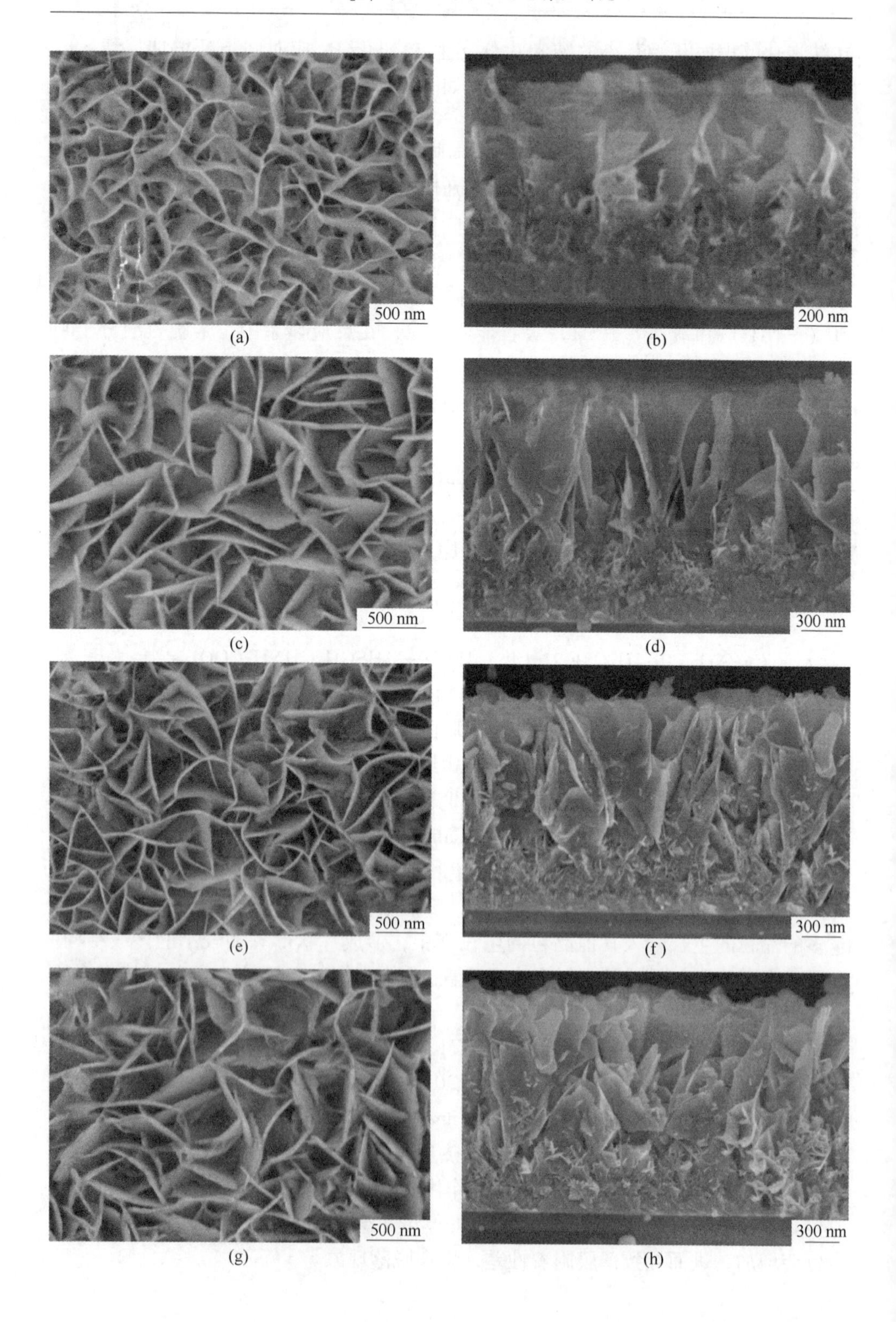
500 nm
(a)
200 nm
(b)
500 nm
(c)
300 nm
(d)
500 nm
(e)
300 nm
(f)
500 nm
(g)
300 nm
(h)

图 5-6 不同反应温度得到的 $CaIn_2S_4$ 薄膜的 SEM 图像

（a）（b）130 ℃；（c）（d）140 ℃；（e）（f）150 ℃；（g）（h）170 ℃；（i）（j）180 ℃

根据上述过程，提出了 $CaIn_2S_4$ 纳米片多级结构薄膜的形成机制，如图 5-7 所示。$CaIn_2S_4$ 薄膜的整个生长过程可以分为 3 个阶段：最初，在水热过程初始阶段为材料的均匀成核过程，在 ITO 玻璃上迅速均匀形成 $CaIn_2S_4$ 海绵状纳米结构。接下来，随着水热反应的继续，$CaIn_2S_4$ 纳米片逐渐生长，纳米片上形成了短小的分支。最后，$CaIn_2S_4$ 纳米片和分支同步生长，从而形成多级结构纳米片 $CaIn_2S_4$ 薄膜。

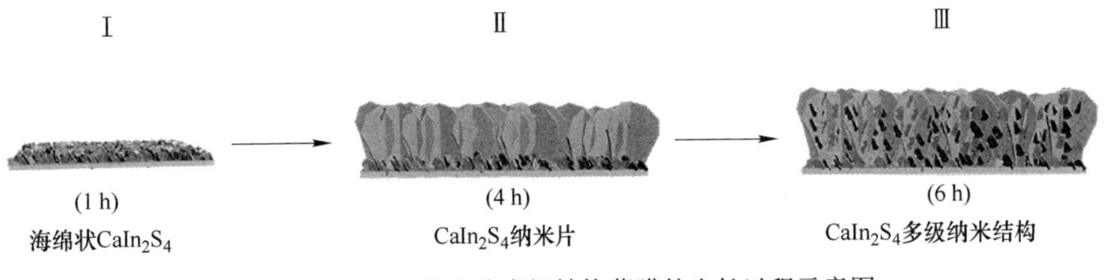

图 5-7 $CaIn_2S_4$ 纳米片多级结构薄膜的生长过程示意图

5.3.4 紫外-可见光吸收特性分析

图 5-8（a）为 160 ℃、反应 6 h 条件下得到的 $CaIn_2S_4$ 薄膜的紫外-可见光吸收光谱，可以看出样品在紫外和可见光区（320~600 nm）都具有显著的光吸收特性。通过经典的 Tauc 方法推算 $CaIn_2S_4$ 的带隙宽度，图 5-8（b）为依据光吸收曲线得出的 $(\alpha h\nu)^2$ 与 $h\nu$ 的关系图，对于直接带隙半导体，其光吸收特性满足方程：

$$(\alpha h\nu)^2 = K(h\nu - E_g) \tag{5-1}$$

式中，α 为光吸收系数；h 为普朗克常数；ν 为光子频率；K 为常数；E_g 为带隙值。曲线的切线与横坐标轴的交点（$\alpha=0$ 位置处）即为 $CaIn_2S_4$ 的能带值，约为 2.17 eV，接近文献报道的带隙值[17]。

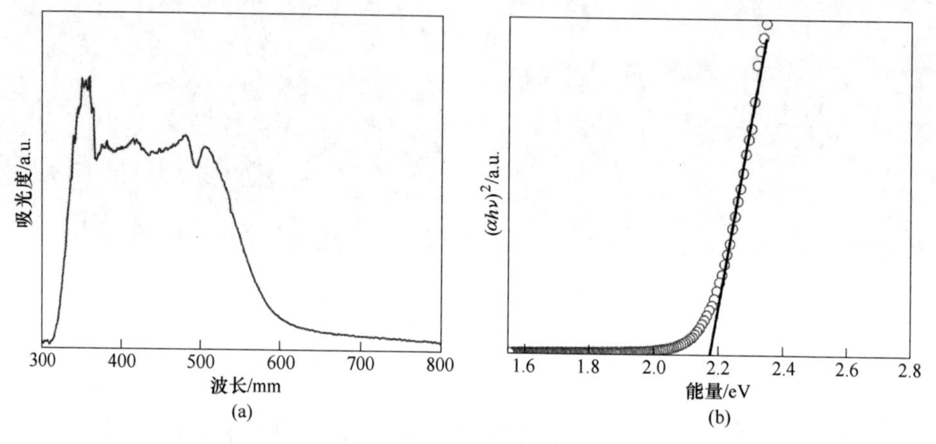

图 5-8　160 ℃、6 h 条件下制备的 $CaIn_2S_4$ 薄膜的紫外-可见光吸收光谱（a）和带隙曲线（b）

5.3.5　光电化学特性分析

$CaIn_2S_4$ 薄膜的光电化学特性通过标准的三电极测试系统考察，可以利用 M-S 方程估算 $CaIn_2S_4$ 薄膜的平带电位。

$$\frac{1}{C^2}=\frac{2}{e\varepsilon_0\varepsilon_r N_d}\left(V-V_{FB}-\frac{kT}{e}\right) \tag{5-2}$$

式中，e、ε_0、ε_r、N_d、V、V_{FB}、k 和 T 分别为基本电荷、真空介电常数、$CaIn_2S_4$ 薄膜的相对介电常数、施主载流子浓度、施加电位、$CaIn_2S_4$ 半导体的平带电位、玻耳兹曼常数和绝对温度。图 5-9（a）显示了在 $NaSO_4$(0.2 M，即 0.2 mol/L) 水溶液中的薄膜的 M-S 曲线，可以看到 M-S 曲线斜率为正，表示薄膜是以电子为主要载流子的 n 型半导体。通过对 $1/C^2=0$ 的外推，确定了平带位置为-1.0 V（相对于 NHE)，与文献一致[22]。图 5-9（b）显示了 $CaIn_2S_4$ 薄膜光电极的电流密度随电压的变化关系。电极在黑暗中时，电流密度非常小。相比之下，光照下施加正电压时，电流密度明显增加，表明 $CaIn_2S_4$ 薄膜是 n 型半导体，与 M-S 实验结果相符。如图 5-9（c）所示，在施加 0.82 V（相对于 NHE）的偏压下，光照条件下电流密度由 0 mA/cm^2 迅速增加到 0.2 mA/cm^2。图 5-9（d）为 $CaIn_2S_4$ 光电极的稳定性测试曲线，在经历一段时间的光照后，电流密度微弱下降，表明薄膜与 ITO 衬底附着紧密，且薄膜在水溶液中具有良好稳定性。

5.3.6　光催化降解 MO 及 1-萘酚特性分析

MO 是一种典型的偶氮材料，被广泛应用于纺织、印染等行业。同时，它也

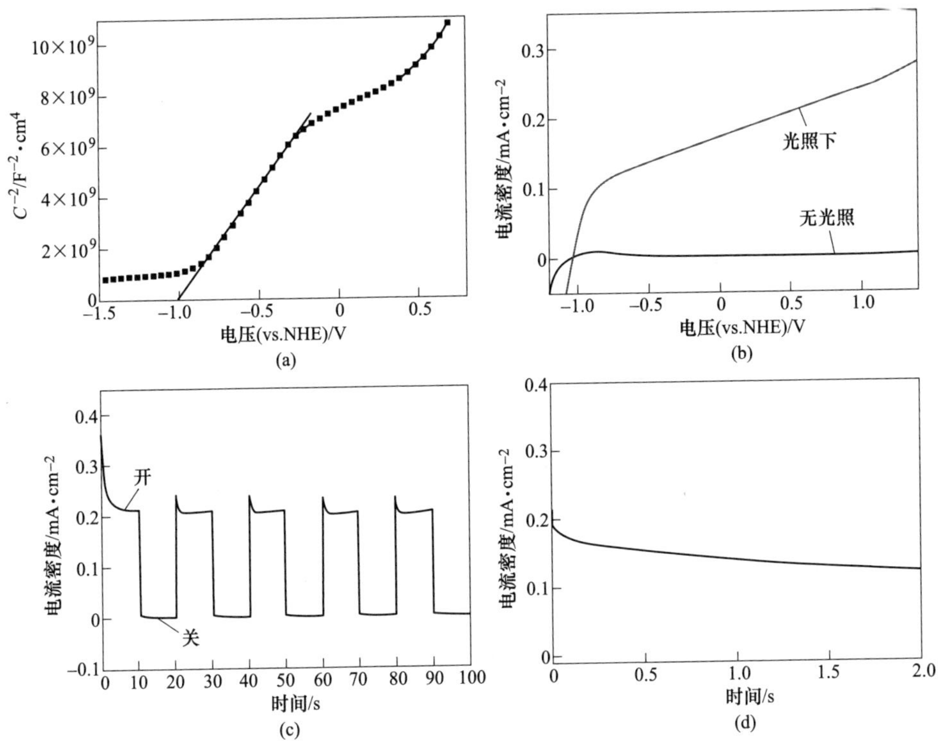

图 5-9 160 ℃、6 h 条件下制备的 $CaIn_2S_4$ 薄膜光电极的 M-S 曲线（a）、*J-V* 曲线（b）、*J-t* 曲线（c）和稳定性测试曲线（d）

是常用的酸碱指示剂，化学性质稳定，在水溶液中的吸收峰位于 465 nm。MO 对环境危害较大，污染水体，由于其具备较强的抗氧化特性，因此很难分解去除。在本书中选择 MO 作为目标降解物，其化学结构如图 5-10 所示。

图 5-10 MO 的分析结构

图 5-11（a）为紫外-可见光照射下，$CaIn_2S_4$ 薄膜降解 MO 在不同时间段污染物溶液的光吸收曲线，非常明显地，MO 的光吸收峰（465 nm）随时间增长逐渐减弱，表明溶液中 MO 含量逐渐降低，经过 240 min 后，近 90%的 MO 被降解掉；其中插图为 MO 溶液在催化降解前后的照片，催化前 MO 溶液为明黄色，经过 240 min 催化降解后，溶液几乎变成透明，表明 MO 几乎完全降解。图 5-11（b）为将此催化过程重复 3 次得到的浓度变化曲线，在降解 3 次后，MO 的降解率微弱下降，表明 $CaIn_2S_4$ 薄膜降解 MO 的稳定性较好。图 5-11（c）为可见光照射下，$CaIn_2S_4$ 薄膜降解 MO 在不同时间段污染物溶液的光吸收曲线，其

降解规律和图 5-11（a）几乎相同，表明可见光在催化降解 MO 的过程中起主要作用。为深入了解光催化机理，在催化体系中加入了活性基团捕获剂硝基四氮唑蓝（nitro bluetetrazolium，NBT）、草酸铵（AO）和叔丁醇（t-BuOH）来分别检测催化体系中可能存在的超氧自由基、空穴和羟基自由基。从图 5-11（d）中可以看出，加入叔丁醇后，$CaIn_2S_4$ 薄膜降解 MO 能力几乎没有发生变化，表明羟基自由基并非是降解 MO 的主要活性物质。而当体系中加入 NBT 和 AO 后，催化能力都发生了明显下降，表明空穴和超氧自由基是降解 MO 的主要基团，尤其是超氧自由基的影响最大。

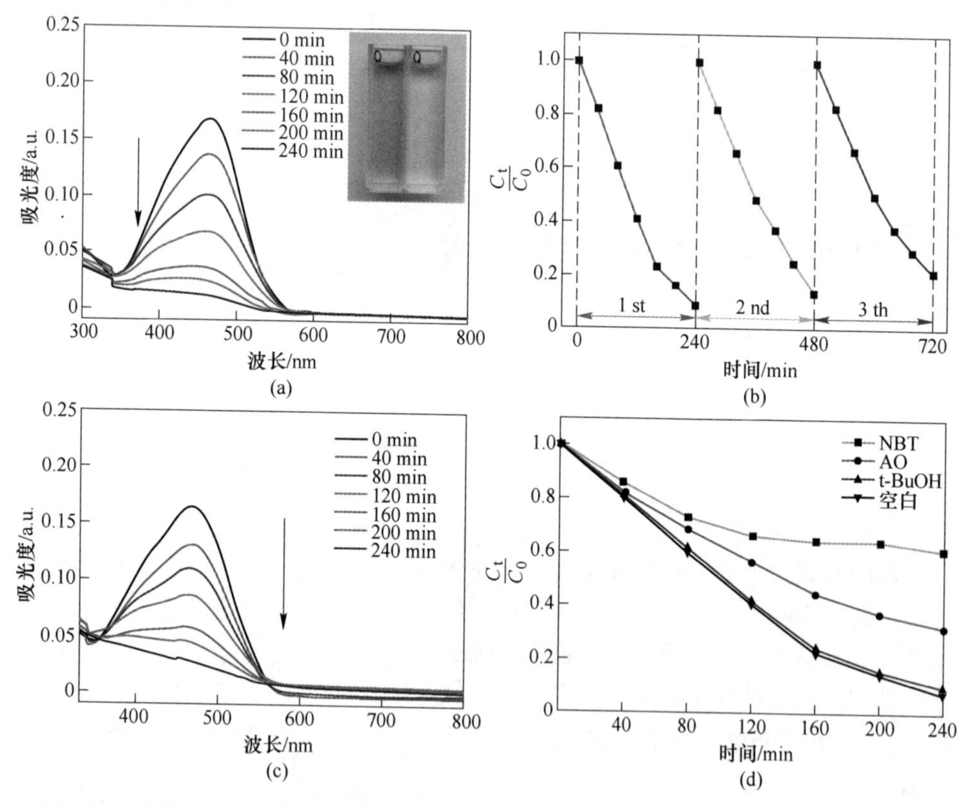

图 5-11　紫外-可见光照射下 $CaIn_2S_4$ 薄膜光催化降解 MO 的溶液光吸收谱（a）（插图为催化降解 MO 120 min 前后溶液照片）、紫外-可见光照射下 $CaIn_2S_4$ 薄膜 3 次光催化降解 MO 的降解率（b）、可见光照射下 $CaIn_2S_4$ 薄膜光催化降解 MO 的溶液光吸收谱（c）和加入 NBT、AO、t-BuOH 捕获剂后 $CaIn_2S_4$ 薄膜对 MO 的光催化降解率（d）

图 5-11 彩图

另外，考察了 $CaIn_2S_4$ 薄膜对 1-萘酚的光降解作用。1-萘酚是偶氮染料的原料并且通常被看作是水污染物的典型。如图 5-12 所示，几乎所有的 1-萘酚在 120 min 内被分解，表明 $CaIn_2S_4$ 薄膜对 1-萘酚具有光催化降解活性。

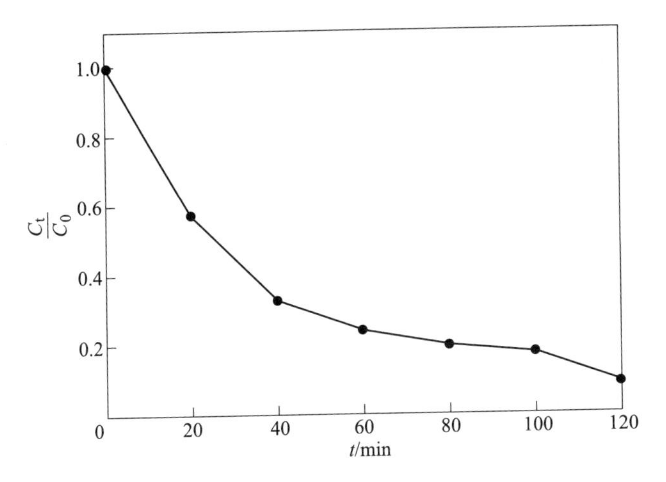

图 5-12 $CaIn_2S_4$ 薄膜光催化降解 1-萘酚的降解率曲线

5.4 本章小结

通过简单的水热合成法在 ITO 衬底的表面生长 $CaIn_2S_4$ 纳米片阵列，XRD 测试结果显示 $CaIn_2S_4$ 纳米晶具有立方晶体结构，能够通过调节反应时间和反应温度调控纳米片的厚度及整个薄膜的厚度，依据形貌随时间的演化规律，推测在反应初始阶段，ITO 表面生长大量的 $CaIn_2S_4$ 薄膜，继而生长成为纳米片状结构。$CaIn_2S_4$ 为 n 型半导体，薄膜在 300~600 nm 范围内均具备良好的光吸收特性，并且显示出较好的光电化学特性，光响应迅速。同时，$CaIn_2S_4$ 薄膜对于 MO 具备良好的催化降解效果，在光照 240 min 后，降解率达到 90%，且稳定性较好，活性基团捕获实验表明催化体系中起主要催化作用的为超氧自由基和空穴。以上结果再次表明 $CaIn_2S_4$ 薄膜有望应用于光催化领域。

参 考 文 献

[1] FUJISHIMA A, HONDA K. Electrochemical photolysis of water at a semiconductor electrode [J]. Nature, 1972, 238: 37-38.

[2] Gr€atzel M. Photoelectrochemical cells [J]. Nature, 2001, 414: 338-344.

[3] CHEN X, SHEN S, GUO L, et al. Semiconductor-based photocatalytic hydrogen generation [J]. Chem. Rev., 2010, 110: 6503-6570.

[4] CHEN Y, WANG X. Template-free synthesis of hollow g-C_3N_4 polymer with vesicle structure for enhanced photocatalytic water splitting [J]. The journal of physical chemistry C. Nanomaterials and interfaces, 2018, 122 (7): 3786-3793.

[5] WANG S, GUAN B Y, LU Y, et al. Formation of hierarchical In_2S_3-$CdIn_2S_4$ heterostructured

nanotubes for efficient and stable visible light CO_2 reduction [J]. J. Am. Chem. Soc. 2017, 139: 17305-17308.

[6] CHENG S, FU W, YANG H, et al. Photoelectrochemical performance of multiple semiconductors (CdS/CdSe/ZnS) cosensitized TiO_2 photoelectrodes [J]. J. Phys. Chem. C, 2012, 116: 2615-2621.

[7] WANG J, WATERS J L, KUNG P, et al. A facile electrochemical reduction method for improving photocatalytic performance of α-Fe_2O_3 photoanode for solar water splitting [J]. ACS Appl. Mater. Interfaces, 2017, 9: 381-390.

[8] ZHANG J, LIU Z, LIU Z. Novel WO_3/Sb_2S_3 heterojunction photocatalyst based on WO_3 of different morphologies for enhanced efficiency in photoelectrochemical water splitting [J]. ACS Appl. Mater. Interfaces, 2016, 8 (15): 9684-9691.

[9] BALAZ S, PORTER S H, WOODWARD P M, et al. Electronic structure of tantalum oxynitride perovskite photocatalysts [J]. Chem. Mater., 2013, 25 (16): 3337-3343.

[10] FU J, YU J, JIANG C, et al. g-C_3N_4-based heterostructured photocatalysts [J]. Adv. Energy Mater., 2018, 8: 1701503.

[11] HOU W, XIAO Y, HAN G. An interconnected ternary MIn_2S_4 (M = Fe, Co, Ni) thiospinel nanosheet array: A type of efficient platinum-free counter electrode for dye−sensitized solar cells [J]. Angew. Chem. Int. Ed., 2017, 56: 9146-9150.

[12] LING C, YE X, ZHANG J, et al. Solvothermal synthesis of $CdIn_2S_4$ photocatalyst for selective photosynthesis of organic aromatic compounds under visible light [J]. Sci. Rep., 2017, 7: 27.

[13] PENG S, ZHU P, THAVASI V, et al. Facile solution deposition of $ZnIn_2S_4$ nanosheet films on FTO substrates for photoelectric application [J]. Nanoscale, 2011, 3: 2602-2608.

[14] WANG C H, CHEN K W, TSENG C J. Photoelectrochemical properties of $AgInS_2$ thin films prepared using electrodeposition [J]. Sol. Energy Mater. Sol. Cells, 2011, 95: 453-461.

[15] DU C, ZHANG Q, LIN Z, et al. Half-unit-cell $ZnIn_2S_4$ monolayer with sulfur vacancies for photocatalytic hydrogen evolution [J]. Appl. Catal. B Environ., 2019, 248: 193-201.

[16] DING J, HONG B, LUO Z, et al. Mesoporous monoclinic $CaIn_2S_4$ with surface nanostructure: An efficient photocatalyst for hydrogen production under visible light [J]. J. Phys. Chem. C, 2014, 118: 27690-27697.

[17] WANG X, LI X, LIU C, et al. Metalloid Ni_2P and its behavior for boosting the photocatalytic hydrogen evolution of $CaIn_2S_4$ [J]. Int. J. Hydrogen Energy, 2018, 43: 219-228.

[18] DING J, LI X, CHEN L, et al. Site-selective deposition of reductive and oxidative dual cocatalysts to improve the photocatalytichydrogen production activity of $CaIn_2S_4$ with a surface nanostep structure [J]. ACS Appl. Mater. Interfaces, 2019, 11: 835-845.

[19] JIANG D, LI J, XING C, et al. Two-dimensional $CaIn_2S_4$/g-C_3N_4 heterojunction nanocomposite with enhanced visible-light photocatalytic activities: Interfacial engineering and mechanism insight [J]. ACS Appl. Mater. Interfaces, 2015, 7: 19234-19242.

[20] XIA Y, LI Q, WU X, et al. Facile synthesis of CNTs/$CaIn_2S_4$ composites with enhanced

visible-light photocatalytic performance [J]. Appl. Surf. Sci., 2017, 391: 565-571.

[21] XU S, DAI J, YANG J, et al. Facile synthesis of novel $CaIn_2S_4/ZnIn_2S_4$ composites with efficient performance for photocatalytic reduction of Cr (Ⅵ) under simulated sunlight irradiation [J]. Nanomaterials, 2018, 8: 472.

[22] JO W, NATARAJAN T S. Facile synthesis of novel redox-mediator-free direct Z scheme $CaIn_2S_4$ marigold flowerlike/TiO_2 photocatalysts with superior photocatalytic efficiency [J]. ACS Appl. Mater. Interfaces, 2015, 7: 17138-17154.

[23] DING J, YAN W, SUN S, et al, Hydrothermal synthesis of $CaIn_2S_4$-reduced graphene oxide nanocomposites with increased photocatalytic performance [J]. ACS Appl. Mater. Interfaces, 2014, 6: 12877-12884.

[24] YUAN W H, YANG S, LI L. Synthesis of $g\text{-}C_3N_4/CaIn_2S_4$ composites with enhanced photocatalytic activity under visible light irradiation [J]. Dalton Trans, 2015, 44: 16091-16098.

[25] LI J, MENG S, WANG T, et al. Novel $Au/CaIn_2S_4$ nanocomposites with plasmon-enhanced photocatalytic performance under visible light irradiation [J]. Appl. Surf. Sci., 2017, 396: 430-437.

[26] WAN S, OU M, CAI W, et al. Preparation, characterization, and mechanistic analysis of $BiVO_4/CaIn_2S_4$ hybrids that photocatalyze NO removal under visible light [J]. J. Phys. Chem. Solids, 2018, 122: 239-245.

[27] WAN S, OU M, ZHONG Q, et al. Z-scheme $CaIn_2S_4/Ag_3PO_4$ nanocomposite with superior photocatalytic NO removal performance: Fabrication, characterization and mechanistic study [J]. New J. Chem., 2018, 42: 318-326.

[28] ZHOU M, LOU X W, XIE Y. Two-dimensional nanosheets for photoelectrochemical water splitting: Possibilities and opportunities [J]. Nano Today, 2013, 8: 598-618.

[29] YUAN W, YUAN J, XIE J, et al. Polymer-mediated self-assembly of TiO_2@ Cu_2O core-shell nanowire array for highly efficient photoelectrochemical water oxidation [J]. ACS Appl. Mater. Interfaces, 2016, 8: 6082-6092.

[30] MA J W, SU S, FU W Y. Synthesis of ZnO nanosheet array film with dominant {0001} facets and enhanced photoelectrochemical performance co-sensitized by CdS/CdSe [J]. CrystEngComm, 2014, 16 (14): 2910-2916.

[31] LIU Q, WU F, CAO F, et al. A multijunction of $ZnIn_2S_4$ nanosheet/TiO_2 film/Si nanowire for significant performance enhancement of water splitting [J]. Nano Res., 2015, 8: 3524-3534.

[32] ZUO F, YAN S, ZHANG B, et al. *L*-cysteine-assisted synthesis of PbS nanocube-based pagoda-like hierarchical architectures [J]. J. Phys. Chem. C, 2008, 112: 2831-2835.

[33] XIANG J, CAO H, WU Q, et al. *L*-cysteine-assisted synthesis and optical properties of Ag_2S nanospheres [J]. J. Phys. Chem. C, 2008, 112: 3580-3584.

6 $CaIn_2S_4/TiO_2$ 复合光催化剂的制备及性能研究

6.1 引　言

高效的半导体光催化剂能够将光能转换为氢能及催化降解污染物，因此成为解决全球性能源危机和环境污染问题的重要材料之一[1-2]。TiO_2 的宽带隙（3.2 eV）导致其可见光响应性很差，而且具有较高的载流子复合率[3-4]。为了增加载流子的寿命，提高 TiO_2 的可见光光催化性能，研究者已经尝试了不同的改性方法[5-8]。其中，将 TiO_2 与其他窄带隙半导体复合能够拓宽材料的光响应范围，并且有效避免光生电荷的复合，成为目前 TiO_2 催化剂改性的有效途径之一。特别地，Z 机制异质结构光催化系统能够在促进光生电荷分离的同时保留较强的氧化和还原能力，是近年来科研工作者的研究热点[9-13]。人们构建了各种高效的 Z 机制 TiO_2 基异质结催化剂，如 Co_3O_4/TiO_2 复合物展现出超强的针对恩诺沙星的降解性能及良好的稳定性[14]。Z 机制的 $MoSe_2/TiO_2$ 纳米管阵列对于 4-nitrophenol 及六价 Cr 离子都展现出了优异的催化降解活性[15]。

三元铟基金属硫化物半导体光催化剂（AIn_2X_4）如 $ZnIn_2S_4$、$CaIn_2S_4$、$CdIn_2S_4$ 等，具有较窄带隙及较好的化学稳定性，且导带位置较负，利于光催化反应的进行[16-21]，近年来在光催化领域引起了人们的关注[22-25]。如 Chen 等构筑了二维的 $CaIn_2S_4/g\text{-}C_3N_4$ 异质结构光催化体系，用于降解甲基橙[26]。Xia 等设计并采用微波辅助的水热法合成的 CNTs/$CaIn_2S_4$ 复合光催化剂，在光催化分解水制氢及降解 Brilliant Red 两方面都获得了大幅度提高[27]。Jiang 等报道的 Au/$CaIn_2S_4$ 催化剂具有等离子体增强的催化降解甲基蓝特性[28]。Wang 等制备的 $Ni_2P/CaIn_2S_4$ 用于光催化分解水制氢，其产氢特性高于 Pt 修饰的光催化剂[29]。

据文献报道，$CaIn_2S_4$ 的导带位置较负（约为−1.1 eV），TiO_2 的价带位置较正（约为 2.9 eV）[30-31]。如果二者能够形成 Z 机制的异质结构，其光催化性能将会获得大幅度提高。Jo 等合成了直接 Z 机制的 $CaIn_2S_4/TiO_2$ 复合光催化剂，在降解 isoniazid 和 metroidazole 方面的能力得到了显著提升，但制备过程较为费时、复杂[32]。因此探索制备复合结构的新工艺具有重要意义。本章采用简单绿色的两步水热法合成了 Z 机制的 $CaIn_2S_4/TiO_2$ 复合结构光催化剂，通过 XRD、SEM、

UV-vis 等基础表征，确定了样品的结构、形貌和光吸收能力，通过光催化降解甲基橙考察了催化剂的性能，深入探究了不同比例 TiO_2 和 $CaIn_2S_4$ 对光催化性能的影响，并提出了导致光催化性能提高的可能原因。

6.2 实 验 部 分

6.2.1 TiO_2 微球的制备

TiO_2 微球的制备方法如下[33]：首先，在 400 mL 乙醇中加入 1.6 mL KCl 溶液（0.1 M，即 0.1 mol/L），并将其置于冰和水的混合物中。然后，将 10 mL 钛酸四丁酯（TBOT）缓慢滴加到上述溶液中，剧烈磁力搅拌 15 min。所得白色 TiO_2 悬浮液在室温下保持静置 10 h。之后，通过离心收集 TiO_2 微球，用去离子水和乙醇洗涤 3 次，并在 60 ℃下干燥 10 h。最后，将样品放置在马弗炉中 550 ℃退火 4 h（10 ℃/min）。

6.2.2 $CaIn_2S_4/TiO_2$ 复合结构光催化剂的制备

配置前驱液：量取 20 mL 去离子水，依次加入 0.02 mol/L 的 $Ca(NO_3)_2$、0.04 mol/L 的 $InCl_3 \cdot 4H_2O$ 和 0.16 mol/L 的 TAA，充分搅拌 30 min，使溶液混合均匀。然后，将 0.05 g 的 TiO_2 微球加入上述混合溶液，放在超声波清洗机中超声处理 30 min 使其完全分散。随后，将混合物置于油浴锅中加热至 80 ℃持续 2 h，加热期间持续剧烈搅拌。将获得的产物自然冷却至室温，并用去离子水和乙醇洗涤 3 次。最后，将 $CaIn_2S_4/TiO_2$ 在 60 ℃下干燥 6 h，得到 $CaIn_2S_4/TiO_2$-0.05 光催化剂。为了进行比较，通过改变加入 TiO_2 微球的量合成了不同的 $CaIn_2S_4/TiO_2$ 纳米复合材料，分别标记为 $CaIn_2S_4/TiO_2$-x(x=0.025，0.05，0.1)。

6.2.3 光催化反应活性的评价

通过测试甲基橙溶液的吸光度变化来评估样品的光催化活性。将 100 mL 的甲基橙（MO）水溶液（10 mg/L）和 100 mg 的光催化剂放入 200 mL 的烧杯中。将混合溶液在黑暗环境中磁力搅拌 30 min，以达到吸附和解吸平衡。光催化实验装置如图 6-1 所示，使用 500 W 氙气灯作为模拟太阳光源，光源距离反应容器 10 cm。开始光照后，混合溶液持续磁力搅拌，保证催化剂均匀分散。每 5 min 收集一次样品，并进行离心处理，去除光催化剂。然后，通过 UV-vis 分光光度计在 465 nm 波长下测试上清液的吸光度。

式（6-1）为催化剂对甲基橙的降解率公式：

$$D = \frac{C_0 - C}{C_0} \times 100\% = \frac{A_0 - A}{A_0} \times 100\% \tag{6-1}$$

式中，D 为催化剂对甲基橙的降解率；C_0 为甲基橙的初始浓度；C 为甲基橙光降解后的浓度；A_0 为甲基橙的初始吸光度；A 为甲基橙光降解后的吸光度。

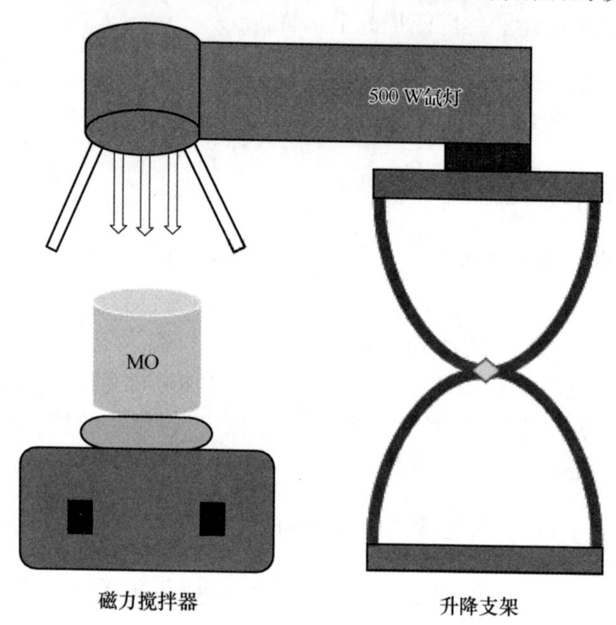

图 6-1 光催化实验装置

6.2.4 光电化学测试

电极的制备：将 5 mg 催化剂加入 0.4 mL 乙醇溶液中，超声 30 min 使其分散均匀，用滴管吸取混合溶液，均匀滴加到清洗干净的 FTO(3 cm × 1.5 cm) 上，空气中自然干燥。

电化学测试：采用标准的三电极体系测试，以 0.2 mol/dm^3 的 Na_2SO_4 水溶液（40 mL，pH = 6.8）为电解液，Pt 丝作为对电极，Ag/AgCl 为参比电极，光源为 500 W 的氙灯（AM 1.5）。

6.3 $CaIn_2S_4/TiO_2$ 复合光催化剂的表征与特性分析

6.3.1 结构分析

为了解催化剂的晶体结构，进行了 XRD 测试分析。图 6-2 为 TiO_2、$CaIn_2S_4$ 及不同 TiO_2 负载量的 $CaIn_2S_4/TiO_2$ 的 XRD 图谱。从 TiO_2 的 XRD 图谱中观察到，在 2θ 为 25.36°、37.88°、48.10°、54.08°、55.13°和 62.79°处存在衍射峰，对应锐钛矿相 TiO_2 的（101）、（004）、（200）、（105）、（211）和（204）晶

面（JCPDS No. 21-1272）。对于纯 $CaIn_2S_4$ 样品，处于 27.43°、33.40°和 47.90°处的衍射峰分别对应其立方相的（311）、（400）和（440）晶面（JCPDS No. 31-0272）。观察不同 TiO_2 负载量的 $CaIn_2S_4/TiO_2$ 的 XRD 图谱可知，$CaIn_2S_4/TiO_2$ 图谱中同时存在立方相 $CaIn_2S_4$ 和锐钛矿相 TiO_2 两种物质的衍射峰，而且没有其他二元金属硫化物以及金属化合物杂质衍射峰的存在。结果表明，成功制备了 $CaIn_2S_4/TiO_2$ 纳米复合材料，且样品的纯度较高。

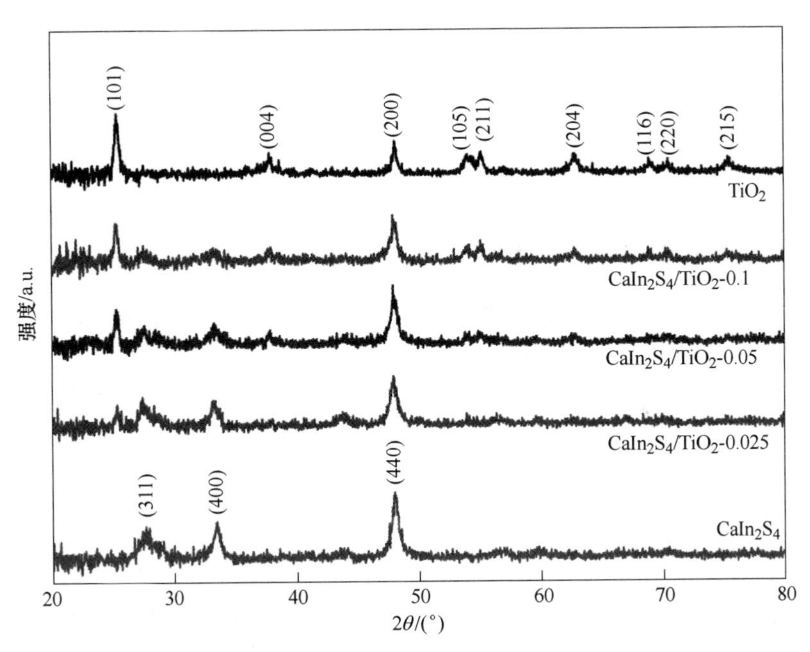

图 6-2 TiO_2、$CaIn_2S_4$ 及不同 TiO_2 负载量的 $CaIn_2S_4/TiO_2$ 的 XRD 图谱

6.3.2 形貌及能谱分析

为观测 TiO_2、$CaIn_2S_4$ 及 $CaIn_2S_4/TiO_2$ 催化剂的形貌特征，对样品进行了 SEM 表征。图 6-3（a）为单纯 TiO_2 的 SEM 图像，从图中可以看出，制备的 TiO_2 为结构完整且分散均匀的微球结构，直径为 200～400 nm；且从放大图中可以看到其表面略粗糙，能够为 $CaIn_2S_4$ 的成核和生长提供较多的活性位点。图 6-3（b）为单纯 $CaIn_2S_4$ 的 SEM 图像，可以观察到，$CaIn_2S_4$ 纳米薄片相互交错生长形成独特的花状结构团聚体，$CaIn_2S_4$ 薄片厚度为 10～20 nm。图 6-3（c）（d）为 $CaIn_2S_4/TiO_2$-0.05 的低倍率和高倍率的 SEM 图像。在图 6-3（c）中，可以看到通过将 TiO_2 微球引入生长环境，$CaIn_2S_4$ 纳米薄片开始在 TiO_2 表面上生长并组装成新的花状异质结构。在图 6-3（d）的放大图中，更清晰地观察到 TiO_2 微球

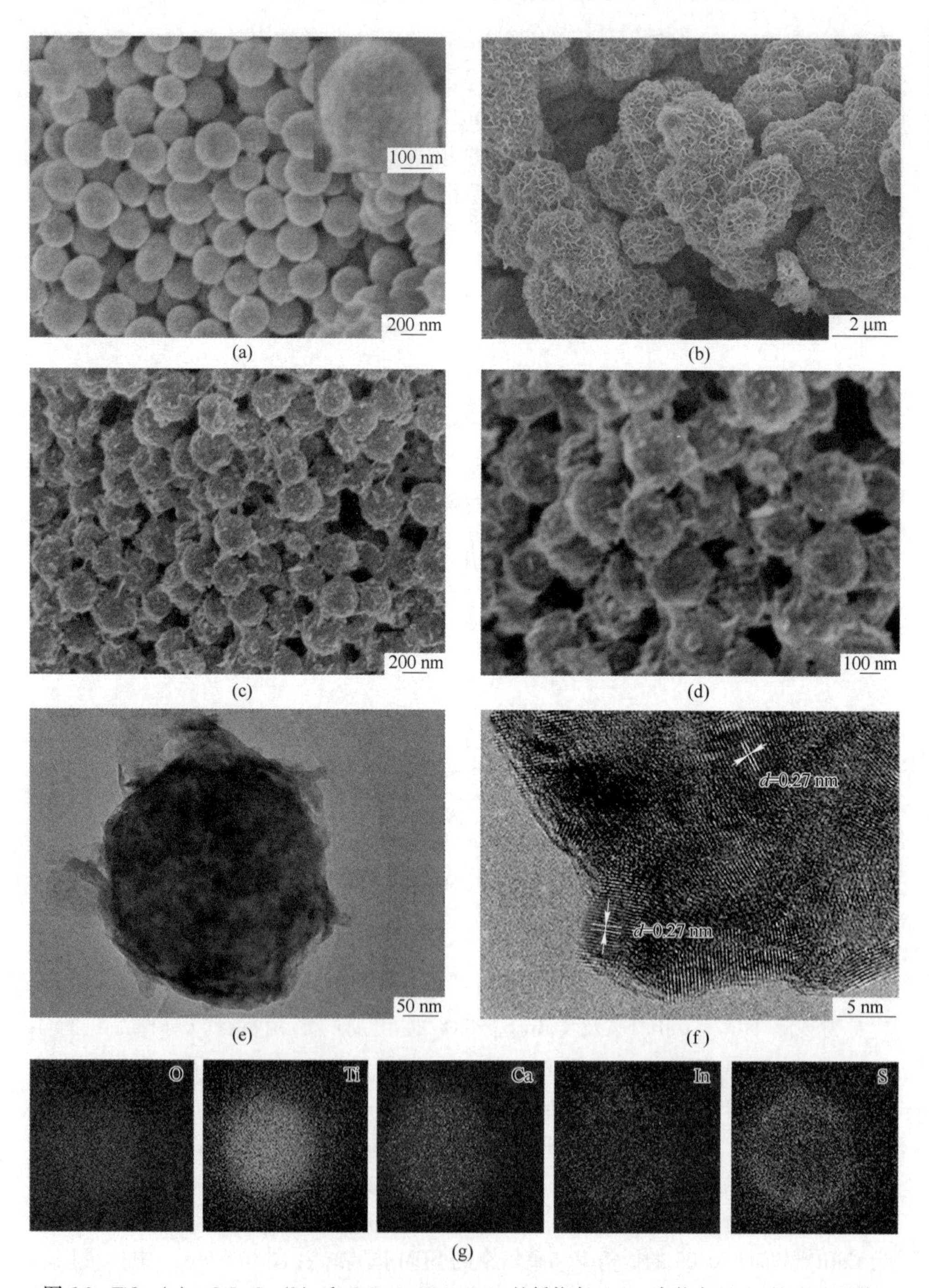

图 6-3　TiO_2（a）、$CaIn_2S_4$（b）和 $CaIn_2S_4/TiO_2$-0.05 的低倍率（c）、高倍率（d）的 SEM 图像，以及 $CaIn_2S_4/TiO_2$-0.05 光催化剂的 TEM 图像（e）、HRTEM 图像（f）和 EDS 图像（g）

表面存在 $CaIn_2S_4$ 纳米薄片。值得注意的是，$CaIn_2S_4/TiO_2$-0.05 的尺寸小于单纯 $CaIn_2S_4$ 团聚体的尺寸，可能是由于 TiO_2 的引入阻碍了 $CaIn_2S_4$ 的团聚，从而形成了尺寸均匀、分散良好的 $CaIn_2S_4/TiO_2$ 复合结构光催化剂，这将有利于光生电荷的传输和转移。此外，由于纳米片组装成的花状微球具有分层结构，光在纳米花瓣之间的纳米片会发生多次散射，光催化剂的光收集能力将得以增强。为进一步确认 $CaIn_2S_4/TiO_2$ 复合结构光催化剂的形貌特征，对其进行了 TEM 和 HRTEM 表征。根据图形尺寸，确定图 6-3（e）中的微球结构为 TiO_2，观察到 TiO_2 微球的表面均匀包覆着一层纳米薄片，整体呈现花状微球结构，与 SEM 结果一致。同时，从图 6-3（f）中，根据测量晶格条纹间距的大小，得知条纹间距 d 为 0.27 nm（JCPDS No. 31-0272），对应立方相 $CaIn_2S_4$ 的（400）晶面，表明包覆在 TiO_2 表面的物质为 $CaIn_2S_4$。相应的 EDS 也表明复合催化剂中包含 O、Ti、Ca、In 和 S 五种元素，其分布再次表明样品为 $CaIn_2S_4/TiO_2$ 复合异质结构［见图 6-3（g）］。

6.3.3 $CaIn_2S_4/TiO_2$ 复合光催化剂的光学特性分析

采用紫外-可见光吸收光谱对样品的吸收特性和带隙进行了表征。图 6-4 为 TiO_2、$CaIn_2S_4$ 及 $CaIn_2S_4/TiO_2$-x 的吸收光谱，从图中可以看出，单纯的 TiO_2 微

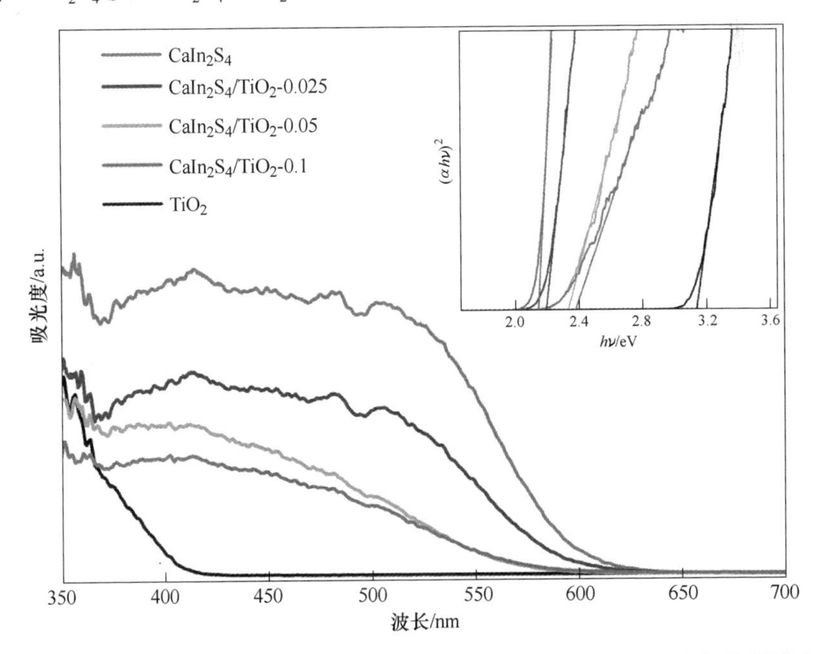

图 6-4 TiO_2、$CaIn_2S_4$ 及 $CaIn_2S_4/TiO_2$-x 的紫外-可见光吸收光谱

［插图为 $(\alpha h\nu)^2$-$h\nu$ 曲线］

图 6-4 彩图

球带隙较宽（约为 3.15 eV），吸收边约为 410 nm，主要的光吸收区域为紫外光区。而单纯 $CaIn_2S_4$ 花球的带隙为 2.14 eV，吸收边约为 600 nm，在可见光区有较强的吸收能力。虽然 $CaIn_2S_4$ 的光吸收范围较大，能够直接吸收可见光，但由于其光生电子和空穴的高复合概率导致光催化活性较低，因此，笔者通过将 TiO_2 微球和 $CaIn_2S_4$ 花球复合构建异质结构，利用异质结构优异的载流子分离能力和 $CaIn_2S_4$ 的可见光驱动优势来提高样品的光催化性能。利用 Tauc 曲线（图 6-4 中插图），TiO_2 微球和 $CaIn_2S_4$ 花球、$CaIn_2S_4/TiO_2$-x（$x=0.025$，0.05，0.1）的带隙宽度依次为 2.17 eV、2.30 eV、2.36 eV[34-35]。与单纯的 TiO_2 相比，$CaIn_2S_4/TiO_2$-x 的带隙变窄，吸收范围变宽，吸收强度明显增大，这些特性为复合光催化剂催化性能的有效提高提供了极大的可能性。

6.3.4　$CaIn_2S_4/TiO_2$ 复合光催化剂的催化性能分析

图 6-5 为全光谱 $CaIn_2S_4/TiO_2$-0.05 光催化降解 MO 的吸光度变化，从图中可以看到，MO 的特征吸收峰位于 465 nm，随着光催化降解反应时间的延长，MO 特征峰的强度明显减弱，在 30 min 时 MO 特征峰基本消失，从插图中更直观地看到，MO 溶液颜色从橙色逐渐褪色至无色，这表明 MO 被有效降解。

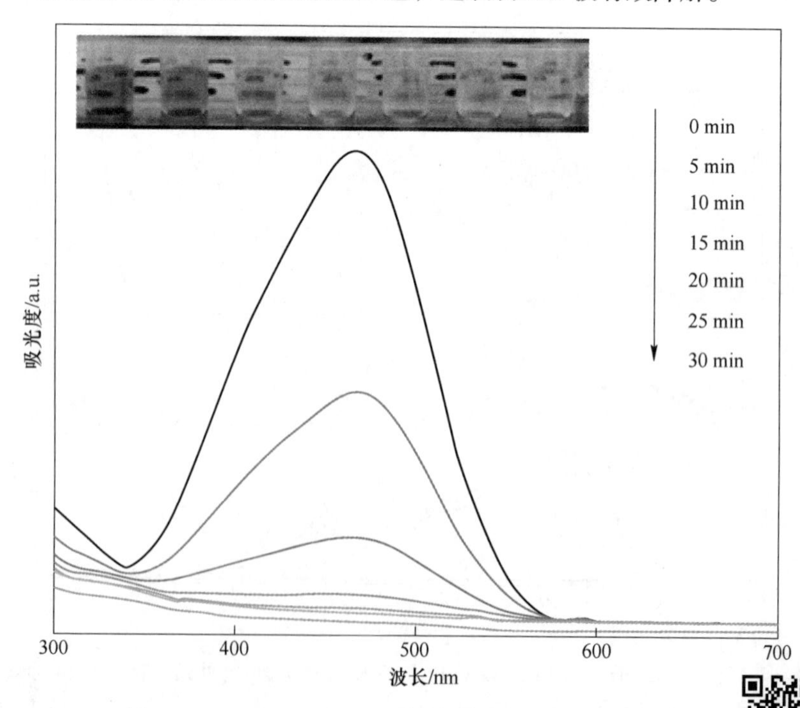

图 6-5　$CaIn_2S_4/TiO_2$-0.05 光催化降解 MO 的吸光度变化

图 6-5 彩图

为研究 TiO_2、$CaIn_2S_4$ 和 $CaIn_2S_4/TiO_2$ 复合材料的光催化性能，笔者利用 UV-vis 分光光度计在 465 nm 处测试了模拟太阳光照射下甲基橙溶液（MO）的吸光度，利用式（6-2）计算出了样品对甲基橙的降解率。图 6-6 为 TiO_2、$CaIn_2S_4$ 和 $CaIn_2S_4/TiO_2$ 对甲基橙的降解率，在模拟太阳光照射下，首先测试了未添加光催化剂的甲基橙溶液的降解率，从图中可以观察到，30 min 内 MO 的降解率仅为 5%，因此可以忽略甲基橙本身的光解影响。单纯 TiO_2 和 $CaIn_2S_4$ 催化剂在 30 min 内对 MO 的降解率为 34%和 85%，尽管 $CaIn_2S_4$ 催化剂的光吸收能力强于 TiO_2，降解率高于 TiO_2，但表现出的光催化降解能力仍然较弱。从图 6-6 中可以看出，$CaIn_2S_4/TiO_2$ 复合材料的光催化能力明显高于单一组分的催化剂，$CaIn_2S_4/TiO_2$-0.05 表现出最高的光催化能力，30 min 内降解了 97%的甲基橙，分别是单纯 TiO_2 和 $CaIn_2S_4$ 催化剂的 2.85 倍和 1.14 倍。除此之外，还观察到 TiO_2 的负载量对光催化活性有一定的影响，随着 TiO_2 含量的增多，$CaIn_2S_4/TiO_2$ 复合材料的光催化活性先增强后减弱，结果表明，合适的 TiO_2 和 $CaIn_2S_4$ 含量比，将有利于拓展催化剂的光吸收范围，增强对可见光的吸收能力，同时，适量的 $CaIn_2S_4$ 均匀包覆在 TiO_2 微球表面有利于提高光生载流子的分离与转移能力，进一步提高光催化剂的催化能力。

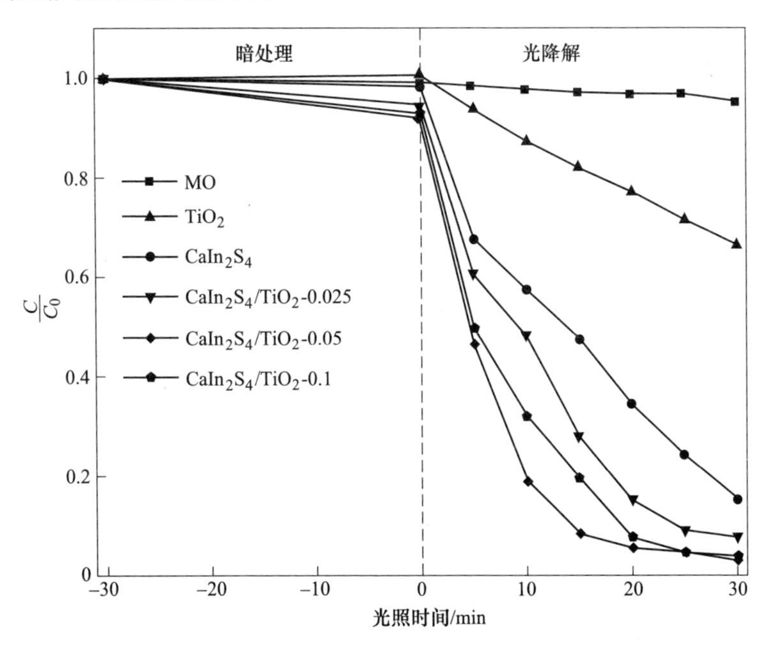

图 6-6 TiO_2、$CaIn_2S_4$ 和 $CaIn_2S_4/TiO_2$ 对甲基橙的降解率

为进一步了解 $CaIn_2S_4/TiO_2$ 复合材料的光催化活性，对其进行了反应动力学分析。当光催化反应符合一级反应动力学时，其反应动力学方程为[36]：

$$\ln\left(\frac{C_0}{C}\right) = kt + D \tag{6-2}$$

式中，C_0为甲基橙的初始浓度；C 为甲基橙光降解后的浓度；k 为一级反应速率常数；t 为反应时间；D 为一固定值常数。其中，k 由两部分组成：

$$k = k_r k_a \tag{6-3}$$

式中，k_r 为表面反应速率常数，主要由光源强度和催化剂本身的性质决定；k_a 为表观吸附平衡常数，主要由催化剂表面吸附的有机物的强度决定，当吸附的有机物达到一定强度时，吸附平衡常数 k_a 不再随着吸附强度的增加而增加，此时光催化反应速率由催化剂表面的反应速率常数决定。

从图 6-7 中可以看出，MO 的降解过程符合准一级反应动力学，速率常数可以由 $\ln(C_0/C)$ 与时间 t 的函数关系得到，斜率 k 表示反应速率常数，通常来说，反应速率越大，催化剂的光催化活性越高。显然，$CaIn_2S_4/TiO_2$-0. 05 的斜率最大（0. 14 min^{-1}），其光催化活性最高，是单纯 TiO_2（0. 01 min^{-1}）和单纯 $CaIn_2S_4$（0. 05 min^{-1}）样品的 14 倍和 2. 8 倍，这与光催化降解 MO 的结果一致。由于催化剂的重复使用与经济成本密切相关，催化剂的重复使用成为衡量催化剂价值的重要因素之一，而光催化剂的稳定性可直接决定催化剂是否具备回收利用的价值。为了考察 $CaIn_2S_4/TiO_2$ 在多次使用过后的稳定性，笔者共进行了 4 个周

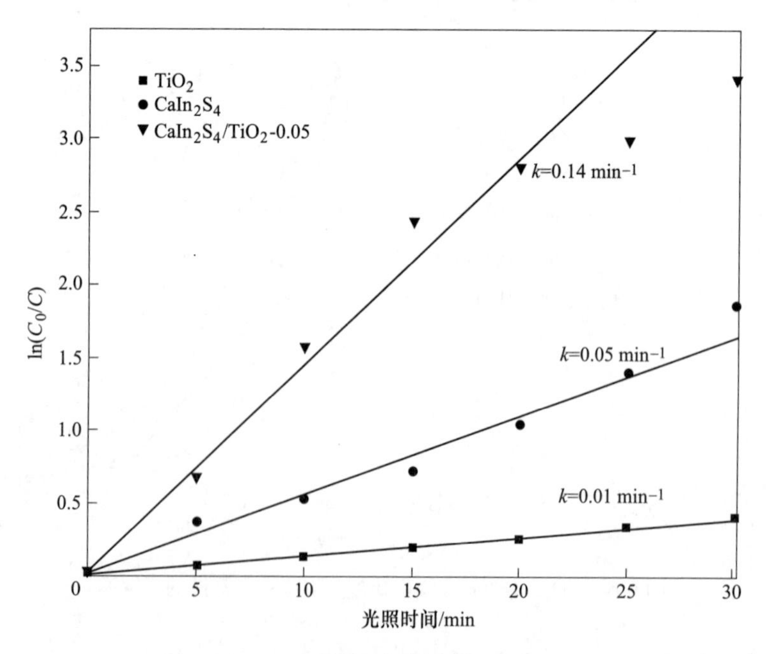

图 6-7　$CaIn_2S_4/TiO_2$ 光催化降解反应动力学

期的降解测试，每个周期结束后，收集催化剂，离心洗涤后烘干进行下一周期实验。从图 6-8 中看到，在重复 3 次催化实验后，催化剂的降解率仍能达到 95%，在 4 个周期后，也能保持 77%的降解率，表明催化剂具有较好的稳定性。

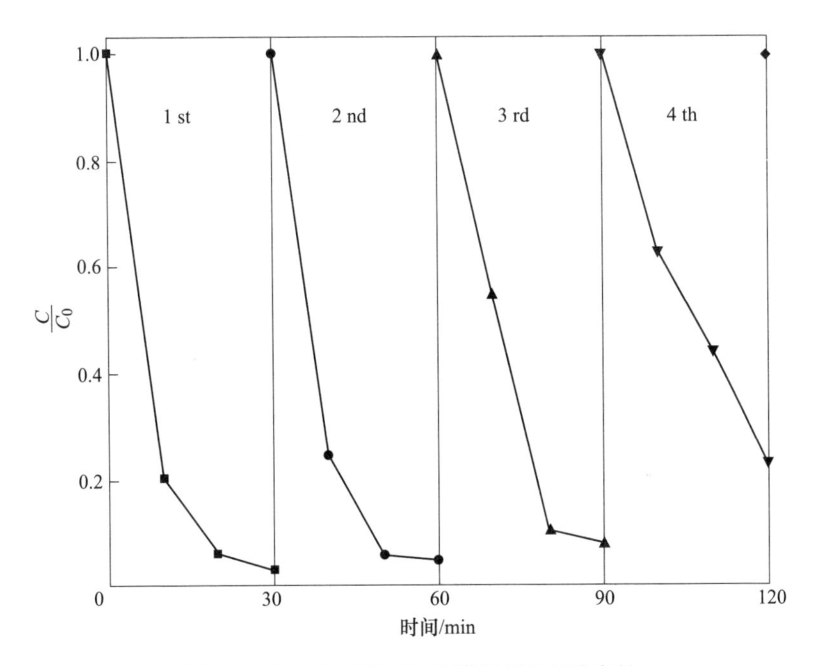

图 6-8 $CaIn_2S_4/TiO_2$-0.05 降解 MO 的稳定性

表 6-2 和表 6-3 分别列出了一些近年来基于 Z 机制的 TiO_2 基复合结构光催化剂以及单相 TiO_2 降解 MO 的文献报道，相对于大多数光催化剂，本书相关工作中 $CaIn_2S_4/TiO_2$ 复合结构具有较好的催化性能。

表 6-2 Z 机制的 TiO_2 基复合材料对 MO 的催化降解率

光催化剂	染料浓度	催化剂用量/溶液体积	光源	光催化反应时间	降解率/%	参考文献
TiO_2/MoS_2@zeolite	20 mg/L	125 mg/250 mL	Xe lamp (500 W)	60 min	95	[37]
TiO_2/C_3N_4	10 mg/L	1 g/L	Xe lamp (500 W)	80 min	62.6	[38]
C_3N_4/TiO_{2-x}	10 mg/L	20 mg/50 mL	Xe lamp (300 W)	80 min	96.8	[39]
$ZnIn_2S_4/TiO_2$	20 mg/L	50 mg/50 mL	Xe lamp (350 W)	75 min	100	[10]

续表 6-2

光催化剂	染料浓度	催化剂用量/溶液体积	光源	光催化反应时间	降解率/%	参考文献
$Bi/Bi_2O_3/TiO_2$ arrays	5×10^{-5} M	—/20 mL	Xe lamp (500 W)	3 h	75	[40]
$g\text{-}C_3N_4/TiO_2$ arrays	10 mg/L	$4\ cm^2$/25 mL	Xe lamp (300 W)	3 h		[41]
C,N,S-doped $TiO_2/g\text{-}C_3N_4$	20 mg/L	20 mg/50 mL	Xe lamp (300 W)	80 min	99.8	[42]
本书制备的 $CaIn_2S_4/TiO_2$	10 mg/L	100 mg/100 mL	Xe lamp (500 W)	30 min	97	

注：1 M = 1 mol/L。

表 6-3　文献报道的单相 TiO_2 对 MO 催化降解性能

光催化剂	染料浓度	催化剂用量/溶液体积	光源	光催化反应时间	降解率/%	参考文献
TiO_2 nanoparticles	20 mg/L	1 g/L	Hg lamp (250 W)	45 min	98	[43]
TiO_2 films	5 mg/L	8 cm×4 cm	UV lamp (28 W)	2 h	75.2±1.7	[44]
TiO_2 nanocrystals	4×10^{-5} M	10 mg/40 mL	Hg lamp	2 h	100	[45]
TiO_2 nanotubes	10 mg/L	100 mg/200 mL	Xe lamp (800 W)	1 h	95.6	[46]
TiO_2 nanospheres	25 mg/L	20 mg/50 mL	Hg lamp (300 W)	1 h	80	[47]
TiO_2 nanoparticles	100 mg/L	100 mg/50 mL	UV lamp (8W)	2.5 h	80.89	[48]
TiO_2 hollow spheres	20 mg/L	30 mg/30 mL	UV lamp (12 W)	4 h	62	[49]
TiO_2 nanofibers	10 mg/L	20 mg/25 mL	UV lamp (20 W)	2 h	60	[50]
TiO_2 nanotube arrays		$0.6\ cm^2$/10 mL	Hg lamp (147 W)	4 h	86±4	[51]
TiO_2 nanoparticles	2×10^{-5} M	30 mg/30 mL	UV lamp (16 W/cm^2)	45 min	99.7	[52]
TiO_2 nanoparticles	3×10^{-5} M	100 mg/100 mL	UV lamp (8 W)	150 min	96.3	[53]
Spindle-like TiO_2	3×10^{-5} M	50 mg/50 mL	sunlight	120 min	82.5	[54]
TiO_2 nanotube arrays	20 mg/L	$1\ cm^2$/20 mL	Hg lamp (36 W)	100 min	98.5	[55]
TiO_2 nanoparticles	5 mg/L	50 mg/50 mL	Xe lamp (1000 W)	7 h	80	[56]

注：1 M = 1 mol/L。

6.3.5　$CaIn_2S_4/TiO_2$ 复合光催化剂的光电化学性质分析

上述光催化降解结果表明，$CaIn_2S_4/TiO_2$ 复合材料的光催化降解 MO 能力有明显的提高，并且 TiO_2 的含量能够对催化剂的活性产生一定的影响。光催化活性提高的可能原因为：TiO_2 和 $CaIn_2S_4$ 的复合增加了样品的比表面积，$CaIn_2S_4$ 多层花球结构捕获了更多的入射光，从而产生大量的光生载流子。此外，TiO_2 和 $CaIn_2S_4$ 复合后在界面处形成了异质结构，有利于光生电子和空穴的分离，避免了载流子的复合，从而提高了光催化降解能力。

通过 TiO_2、$CaIn_2S_4$ 和 $CaIn_2S_4/TiO_2$ 的瞬态光电流响应，进一步证实了 $CaIn_2S_4/TiO_2$ 复合材料载流子分离效率的提高。图 6-9 显示了在 0.3 V（vs. Ag/AgCl）偏压下，亮暗变化条件下这些样品的电流密度-时间（*J*-*t*）曲线，从图中可以看出，TiO_2、$CaIn_2S_4$ 的电流密度分别为 0.1 $\mu A/cm^2$ 和 0.12 $\mu A/cm^2$，而 $CaIn_2S_4/TiO_2$ 复合材料的电流密度均有所提高，尤其是 $CaIn_2S_4/TiO_2$-0.05 的电流密度最大，约为 0.39 $\mu A/cm^2$，而 $CaIn_2S_4/TiO_2$-0.1 和 $CaIn_2S_4/TiO_2$-0.025 样品的电流密度分别为 0.24 $\mu A/cm^2$和 0.14 $\mu A/cm^2$，这些样品的电流密度变化趋势与它们的催化性能一致。在催化性能测试实验中，所使用的催化剂质量相同，光吸收测试结果表明 TiO_2 的用量增多，复合催化剂的光吸收减弱，因此，$CaIn_2S_4/TiO_2$-0.1 样品的光催化性能较差。$CaIn_2S_4/TiO_2$-0.05 良好的催化性能得益于较好的光吸收特性和异质结界面处光生电子和空穴的有效分离。而对于 $CaIn_2S_4/TiO_2$-0.025 样品来说，虽然 TiO_2 用量减少，但同时也会导致样品发生严重的团聚，增加光生电荷的复合概率，阻碍催化反应的进行，所以 $CaIn_2S_4/TiO_2$-0.025 样品光催化性能降低。

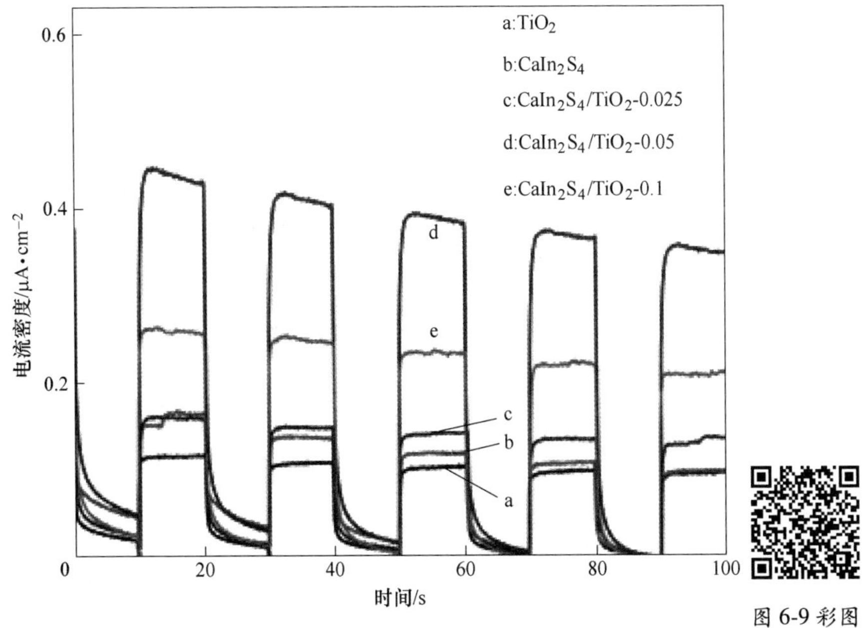

图 6-9 彩图

图 6-9 TiO_2、$CaIn_2S_4$ 和 $CaIn_2S_4/TiO_2$ 样品的 *J*-*t* 曲线

为了便于比较，将等比例等量的 $CaIn_2S_4$ 和 TiO_2 混合物进行催化降解测试，如图 6-10 所示，在 30 min 后仅有 60%的 MO 被降解，远低于 $CaIn_2S_4/TiO_2$-0.025 样品的降解率，进一步表明 $CaIn_2S_4/TiO_2$ 异质结构中光生电荷的有效分离和转移是影响光电催化性能的重要因素。

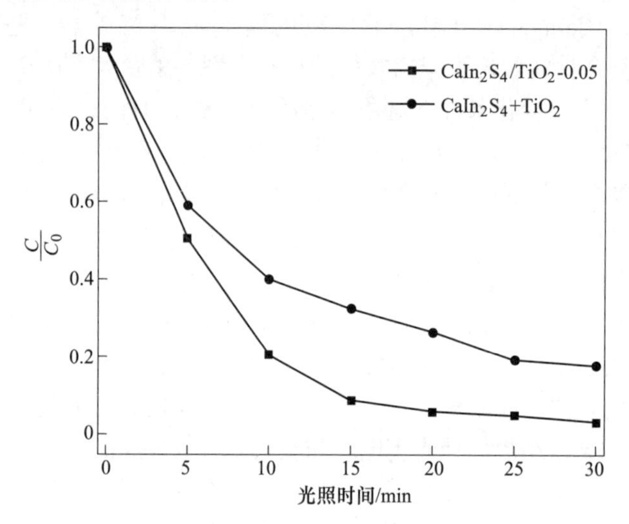

图 6-10　$CaIn_2S_4/TiO_2$-0. 05、$CaIn_2S_4$ 和 TiO_2 混合物对甲基橙的降解率

6. 3. 6　光催化机理分析

为确定催化反应中的活性基团，在降解实验过程中加入牺牲剂氯化硝基四氮唑蓝（NBT）、叔丁醇（t-BuOH）和草酸铵（AO），来标记体系中的超氧自由基（$\cdot O_2^-$）、羟基自由基（·OH）和空穴（h^+）。如图 6-11 所示，当体系中加入 NBT 时，催化剂对 MO 的降解率大幅下降，表明在催化过程中存在大量的 $\cdot O_2^-$。同样，当体系中加入 t-BuOH 后，催化效果明显下降，说明·OH 是催化过程必要的活性物质。而当体系中加入 AO，催化效果无较大差别，表明溶液中 h^+很少。综上，$\cdot O_2^-$ 和·OH 是催化降解 MO 的主要活性物质。

基于上述的表征结果，对 $CaIn_2S_4/TiO_2$ 光催化降解 MO 提出了合理的光催化机理，并分析了光生载流子的传输和转移。一般来说，半导体的导带（CB）和价带（VB）的电位由经验公式计算[57-58]：

$$E_{VB} = X + 0.5E_g - E_e \tag{6-4}$$

$$E_{CB} = E_g - E_{VB} \tag{6-5}$$

式中，E_{CB} 为半导体的导带电位；E_{VB} 为价带电位；X 为半导体的绝对电负性（TiO_2 为 5. 8 eV，$CaIn_2S_4$ 为 4. 39 eV）；E_g 为半导体带隙；E_e 为自由电子能量（4. 5 eV vs. NHE）。经过计算得出，TiO_2 的 E_{VB} 和 E_{CB} 分别为 2. 875 eV 和

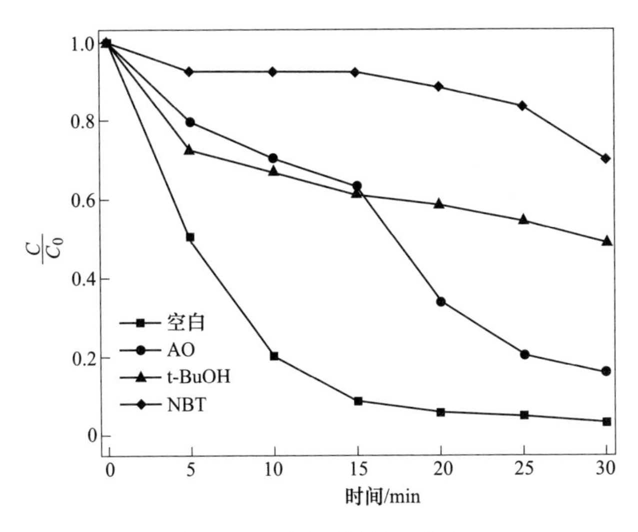

图 6-11 活性基团捕获实验

-0.275 eV，$CaIn_2S_4$ 的 E_{VB} 和 E_{CB} 分别为 0.96 eV 和-1.18 eV。由此分析了 $CaIn_2S_4/TiO_2$ 催化剂降解 MO 时可能发生的电子和空穴的转移机制，如图 6-12 所示。

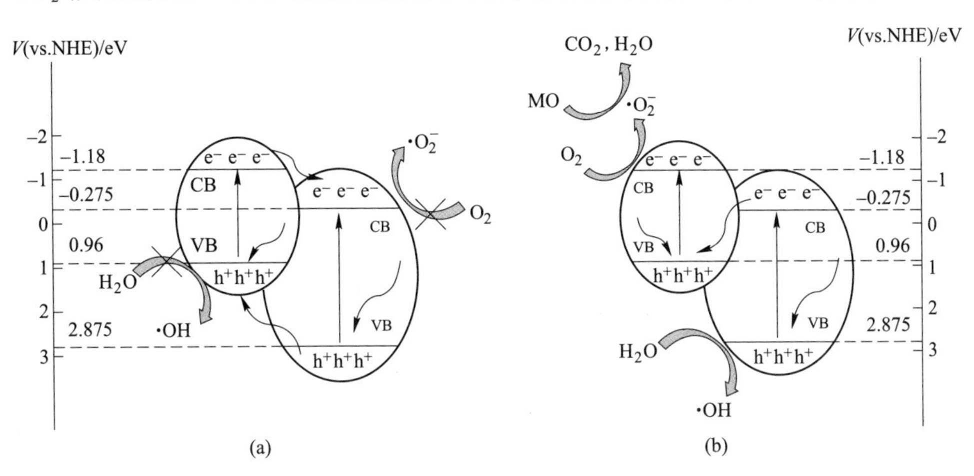

图 6-12 $CaIn_2S_4/TiO_2$ 光催化过程电子和空穴转移机制

如图 6-12（a）所示，假设 $CaIn_2S_4$ 和 TiO_2 形成异质结构后的电荷转移遵从双电子转移机制，光生电子从 $CaIn_2S_4$ 导带（CB）迁移到 TiO_2 导带（CB）进行分离，而 TiO_2 价带（VB）中的空穴同时迁移到 $CaIn_2S_4$ 价带（VB）中，这可以促使光生电子和空穴有效分离。但是 TiO_2 的 CB 电位（-0.275 eV vs. NHE）比 $\cdot O_2^-$ 形成的氧化还原电位（$O_2/\cdot O_2^-$ = -0.33 eV vs. NHE）[59]更正，TiO_2 的 CB 上的电子无法将 O_2 还原为 $\cdot O_2^-$。同样，$CaIn_2S_4$ 的 VB 电位（+0.96 eV vs.

NHE）比将 H_2O 或—OH 氧化为 · OH 所需的电势更负（H_2O 或—OH/ · OH = +2.4 eV vs. NHE）[32]，$CaIn_2S_4$ 价带（VB）上积累的空穴无法将表面—OH 或吸附的 H_2O 氧化而产生 · OH。显然，这种电荷转移机制与前述催化活性物质的分析结论相悖，即双电子分离和转移机制无法实现光催化降解 MO。

根据上述分析，提出了 $CaIn_2S_4/TiO_2$ 发生光催化反应时可能遵循的 Z 型转移机制，如图 6-12（b）所示。当太阳光入射到催化剂表面，催化剂受到光激发在价带（VB）上产生电子，随后转移至其导带（CB）上，价带（VB）上留下空穴。TiO_2 导带（CB）中的光生电子被转移到 $CaIn_2S_4$ 的价带（VB），与 $CaIn_2S_4$ 价带（VB）上的空穴复合。因此，$CaIn_2S_4$ 导带（CB）中的电子和 TiO_2 的价带（VB）中的空穴被很好地分离。TiO_2 的 VB 电位较高（+2.875 eV）会将表面—OH 或吸附的 H_2O 氧化为 · OH。同时，$CaIn_2S_4$ 的 CB 电位（-1.18 eV）能够将 O_2 还原为 · O_2^-。与单独的 $CaIn_2S_4$ 和 TiO_2 光催化剂相比，载流子被有效分离后，能够产生较多数量的 · OH 和 · O_2^-，导致 $CaIn_2S_4/TiO_2$ 催化剂具有更高的氧化/还原能力，更好地将水中的有机污染物降解，大大提高了光催化能力。

综上所述，$CaIn_2S_4/TiO_2$ 复合异质结构光催化剂能够高效降解 MO 主要有 3 个原因：（1）在 TiO_2 上复合窄带隙半导体能够把光吸收范围拓宽至可见光区域，且光子在 $CaIn_2S_4$ 纳米片之间的多次散射提高了被吸收的概率。（2）与单纯的 TiO_2 相比，$CaIn_2S_4$ 纳米片提供了大量的反应活性位点，有利于捕获 MO 分子，从而进行光催化反应。（3）$CaIn_2S_4$ 和/TiO_2 异质结界面处的 Z 型电荷分离转移过程降低了光生载流子的复合概率，同时保留了催化剂较强的氧化还原能力，因此获得了优异的催化降解能力。

6.4　本章小结

本章成功制备了 $CaIn_2S_4/TiO_2$ 复合材料，并通过 XRD、SEM、TEM 对其结构和形貌进行了表征，考察了不同 TiO_2 含量对光催化降解甲基橙效率的影响，并进行了稳定性实验。

（1）通过 XRD 图谱得知，合成的样品为 $CaIn_2S_4/TiO_2$ 复合材料，且无其他氧化物、硫化物等杂质出现；从 SEM 和 TEM 图像中观察到，$CaIn_2S_4/TiO_2$ 复合材料为花状微球结构，$CaIn_2S_4$ 纳米花均匀包覆在 TiO_2 微球表面，增加了样品的比表面积，同时，这种多层花状结构有利于捕获更多的入射光，从而激发了更多的光生载流子，实现了光催化性能的提高。

（2）光催化降解 MO 实验证实了 $CaIn_2S_4/TiO_2$ 复合材料能有效提高光催化活性，通过改变 TiO_2 的负载量，得出 $CaIn_2S_4/TiO_2$-0.05 具有最高的光催化降解 MO 能力，在 30 min 内对 MO 的降解率为 97%，且通过反应动力学分析得出，

$CaIn_2S_4/TiO_2$-0.05 的反应速率也是最快的，经过 4 个周期的稳定性测试，样品的降解率保持在 77%。

（3）对光催化剂进行了瞬态光电流响应测试，观察到 $CaIn_2S_4/TiO_2$ 复合材料的电流密度明显高于单一组分的 TiO_2 和 $CaIn_2S_4$，表明复合材料具有快速分离和转移光生电荷的能力，从而可以提高光催化反应活性。

（4）$CaIn_2S_4/TiO_2$ 在光催化降解 MO 的反应过程中，光生载流子的分离和输运遵循 Z 机制，既降低了光生电子-空穴对的复合概率，又保留了较强的氧化还原能力，因此具备较高的催化反应特性。

参 考 文 献

[1] ZOU Z, YE J, SAYAMA K, et al. Direct splitting of water under visible light irradiation with an oxide semiconductor photocatalyst [J]. Nature, 2001, 414 (6864): 625-627.

[2] KUDO A, MISEKI Y. Heterogeneous photocatalyst materials for water splitting [J]. Chem. Soc. Rev., 2009, 38 (1): 253-278.

[3] CHEN D, CHENG Y, ZHOU N, et al. Photocatalytic degradation of organic pollutants using TiO_2-based photocatalysts: A review [J]. J. Clean. Prod., 2020, 268: 121725.

[4] ASAHI R, MORIKAWA T, OHWAKI T, et al. Visible-light photocatalysis in nitrogen-doped titanium oxides [J]. Science, 2001, 293 (5528): 269-271.

[5] SUN Z, LIAO T, SHENG L, et al. Deliberate design of TiO_2 nanostructures towards superior photovoltaic cells [J]. Chem. A Eur. J., 2016, 22 (32): 11357-11364.

[6] NOWOTNY J, BAK T, NOWOTNY M K, et al. TiO_2 surface active sites for water splitting [J]. J. Phys. Chem. B, 2006, 110: 18492-18495.

[7] BASAVARAJAPPA P S, PATIL S B, GANGANAGAPPA N, et al. Recent progress in metal-doped TiO_2, non-metal doped/codoped TiO_2 and TiO_2 nanostructured hybrids for enhanced photocatalysis [J]. Int. J. Hydrog. Energ., 2020, 45: 7764-7778.

[8] ZHANG X, WANG Y, LIU B, et al. Heterostructures construction on TiO_2 nanobelts: A powerful tool for building high-performance photocatalysts [J]. Appl. Catal. B Environ., 2017, 202: 620-641.

[9] QI K, CHENG B, YU J, et al. A review on TiO_2-based Z-scheme photocatalysts [J]. Chin. J. Catal., 2017, 38: 1936-1955.

[10] CHEN S, LI S, XIONG L, et al. In-situ growth of $ZnIn_2S_4$ decorated on electrospun TiO_2 nanofibers with enhanced visible-light photocatalytic activity [J]. Chem. Phys. Lett., 2018, 706: 68-75.

[11] ZHANG Y H, LIU M M, CHEN J L, et al. Dendritic branching Z-scheme Cu_2O/TiO_2 heterostructure photocatalysts for boosting H_2 production [J]. J. Phys. Chem. Solids, 2021, 152: 109948.

[12] YANG B, ZHENG J, LI W, et al. Engineering Z-scheme TiO_2-OV-BiOCl via oxygen vacancy for photocatalytic degradation of imidacloprid [J]. Dalton Trans., 2020, 49: 11010-11018.

[13] JALEEL U C J R, DEVI K R S, MADHUSHREE R, et al. Statistical and experimental studies of $MoS_2/g\text{-}C_3N_4/TiO_2$: A ternary Z-scheme hybrid composite [J]. J. Mater. Sci., 2021, 56: 1-23.

[14] WANG Y, ZHU C, ZUO G, et al. 0D/2D Co_3O_4/TiO_2 Z-scheme heterojunction for boosted photocatalytic degradation and mechanism investigation [J]. Appl. Catal. B Environ., 2020, 278: 119298.

[15] ZHENG X, YANG L, LI Y, et al. Direct Z-scheme $MoSe_2$ decorating TiO_2 nanotube arrays photocatalyst for water decontamination [J]. Electrochim. Acta, 2019, 298: 663-669.

[16] TAN P, ZHU A, QIAO L, et al. Constructing a direct Z-scheme photocatalytic system based on 2D/2D $WO_3/ZnIn_2S_4$ nanocomposite for efficient hydrogen evolution under visible light [J]. Inorg. Chem. Front., 2019, 6: 929-939.

[17] LI Q, XIA Y, YANG C, et al. Building a direct Z-scheme heterojunction photocatalyst by $ZnIn_2S_4$ nanosheets and TiO_2 hollowspheres for highly-efficient artificial photosynthesis [J]. Chem. Eng. J., 2018, 349: 287-296.

[18] GUAN Z, PAN J, LI Q, et al. Boosting visible-light photocatalytic hydrogen evolution with an efficient $CuInS_2/ZnIn_2S_4$ 2D/2D heterojunction [J]. ACS Sustain. Chem. Eng., 2019, 7: 7736-7742.

[19] KALE B B, BAEG J O, LEE S M, et al. $CdIn_2S_4$ nanotubes and marigold nanostructures: A visible-light photocatalyst [J]. Adv. Funct. Mater., 2006, 16: 1349-1354.

[20] YU Y, CHEN G, WANG G, et al. Visible-light-driven $ZnIn_2S_4/CdIn_2S_4$ composite photocatalyst with enhanced performance for photocatalytic H_2 evolution [J]. Int. J. Hydrog. Energy, 2013, 38: 1278-1285.

[21] HUANG L, LI B, SU B, et al. Fabrication of hierarchical Co_3O_4@ $CdIn_2S_4$ p-n heterojunction photocatalysts for improved CO_2 reduction with visible light [J]. J. Mater. Chem. A, 2020, 8 (15): 7177-7183.

[22] WAN S, OU M, ZHONG Q, et al. Z-scheme $CaIn_2S_4/Ag_3PO_4$ nanocomposite with superior photocatalytic NO removal performance: Fabrication, characterization and mechanistic study [J]. New J. Chem., 2018, 42: 318-326.

[23] DING J, HONG B, LUO Z, et al. Mesoporous monoclinic $CaIn_2S_4$ with surface nanostructure: An efficient photocatalyst for hydrogen production under visible light [J]. J. Phys. Chem. C, 2014, 118: 27690-27697.

[24] WAN S, OU M, CAI W, et al. Preparation, characterization, and mechanistic analysis of $BiVO_4/CaIn_2S_4$ hybrids that photocatalyze NO removal under visible light [J]. J. Phys. Chem. Solids, 2018, 122: 239-245.

[25] DING J, YAN W, SUN S, et al. Hydrothermal synthesis of $CaIn_2S_4$-reduced graphene oxide nanocomposites with increased photocatalytic performance [J]. ACS Appl. Mater. Interfaces, 2014, 6: 12877-12884.

[26] JIANG D, LI J, XING C, et al. Two-dimensional $CaIn_2S_4/g\text{-}C_3N_4$ heterojunction nanocomposite with enhanced visible-light photocatalytic activities: Interfacial engineering and mechanism

Insight [J]. ACS Appl. Mater. Interfaces, 2015, 7: 19234-19242.

[27] XIA Y, LI Q, WU X, et al. Facile synthesis of CNTs/$CaIn_2S_4$ composites with enhanced visible-light photocatalytic performance [J]. Appl. Surf. Sci., 2017, 391: 565-571.

[28] LI J, MENG S, WANG T, et al. Novel Au/$CaIn_2S_4$ nanocomposites with plasmon-enhanced photocatalytic performance under visible light irradiation [J]. Appl. Surf. Sci., 2017, 396: 430-437.

[29] WANG X, LI X, LIU C, et al. Metalloid Ni_2P and its behavior for boosting the photocatalytic hydrogen evolution of $CaIn_2S_4$ [J]. Int. J. Hydrog. Energy, 2017, 43: 219-228.

[30] YIN X, SHENG P, ZHONG F, et al. CdS/$ZnIn_2S_4$/TiO_2 3D-heterostructures and their photoelectrochemical properties [J]. New J. Chem., 2016, 40: 6675-6685.

[31] SWAIN G, SULTANA S, MOMA J, et al. Fabrication of hierarchical two-dimensional MoS_2 nanoflowers decorated upon cubic $CaIn_2S_4$ microflowers: Facile approach to construct novel metal-free p-n heterojunction semiconductors with superior charge separation efficiency [J]. Inorg. Chem., 2018, 57: 10059-10071.

[32] JO W, NATARAJAN T S. Facile synthesis of novel redox-mediator-free direct Zscheme $CaIn_2S_4$ marigold-flower-like/TiO_2 photocatalysts with superior photocatalytic efficiency [J]. ACS Appl. Mater. Interfaces, 2015, 7: 17138-17154.

[33] YANG G, DING H, CHEN D, et al. Construction of urchin-like $ZnIn_2S_4$-Au-TiO_2 heterostructure with enhanced activity for photocatalytic hydrogen evolution [J]. Appl. Catal. B Environ., 2018, 234: 260-267.

[34] MONIZ S J A, ZHU J, TANG J. 1D Co-Pi modified $BiVO_4$/ZnO junction cascade for efficient photoelectrochemical water cleavage [J]. Adv. Energy Mater., 2014, 4: 1301590.

[35] HAGFELDT A, GRÄTZEL M. Light-induced redox reaction in nanocrystalline systems [J]. Chem. Rev., 1995, 95: 49-68.

[36] GUO Y, LOU X, XIAO D, et al. Sequential reduction reduction-oxidation for photocatalytic degradation of tetrabromo bisphenol A: Kinetics and intermediates [J]. J. Hazard. Mater., 2012, 241-242: 301-306.

[37] ZHANG W, XIAO X, ZHENG L, et al. Fabrication of TiO_2/MoS_2@ zeolite photocatalyst and its photocatalyticactivity for degradation of methyl orange under visible light [J]. Appl. Surf. Sci., 2015, 358: 468-478.

[38] HUANG S T, ZHONG J B, LI J Z, et al. Z-scheme TiO_2/g-C_3N_4 composites with improved solar-driven photocatalytic performance deriving from remarkably efficient separation of photo-generated charge pairs [J]. Mater. Res. Bull., 2016, 84: 65-70.

[39] TAN B, YE X, LI Y, et al. Defective Anatase TiO_2-x mesocrystals growth in situ on g-C_3N_4 nanosheets: Construction of 3D/2D Z-scheme heterostructure for highly efficient visible light photocatalysis [J]. Chem. Eur. J., 2018, 24: 13311-13321.

[40] LIU Z, WANG Q, TAN X, et al. Solvothermal preparation of Bi/Bi_2O_3 nanoparticles on TiO_2 NTs for the enhanced photoelectrocatalytic degradation of pollutants [J]. J. Alloy. Compd., 2020, 815: 152478.

[41] XIAO L, ZHU H, ZHANG M, et al. Enhanced photoelectrochemical performance of g-C_3N_4/TiO_2 heterostructure by the cooperation of oxygen vacancy and protonation treatment [J]. J. Electrochem. Soc., 2020, 167: 066513.

[42] HUANG Z, JIA S, WEI J, et al. Visible light active, carbon-nitrogen-sulfur co- doped TiO_2/g-C_3N_4 Z-scheme heterojunction as an effective photocatalyst to remove dye pollutants [J]. RSC Adv., 2021, 11: 16747-16754.

[43] DAI K, CHEN H, PENG T, et al. Photocatalytic degradation of methyl orange in aqueous suspension of mesoporous titania nanoparticles [J]. Chemosphere, 2007, 69: 1361-1367.

[44] ZHANG Y, WAN J, KE Y. A novel approach of preparing TiO_2 films at low temperature and its application in photocatalytic degradation of methyl orange [J]. J. Hazard. Mater., 2010, 177: 750-754.

[45] LI G, ZHANG S, YU J. Facile synthesis of single-phase TiO_2 nanocrystals with high photocatalytic performance [J]. J. Am. Ceram. Soc. , 2011, 94: 4112-4115.

[46] GUO C, XUA J, HE Y, et al. Photodegradation of rhodamine B and methyl orange over one-dimensional TiO_2 catalysts under simulated solar irradiation [J]. Appl. Surf. Sci., 2011, 257: 3798-3803.

[47] ZHANG H, DU G, LU W, et al. Porous TiO_2 hollow nanospheres: Synthesis, characterization and enhanced photocatalytic properties [J]. CrystEngComm, 2012, 14: 3793-3801.

[48] GAUTAM A, KSHIRSAGAR A, BISWAS R, et al. Photodegradation of organic dyes based on anatase and rutile TiO_2 nano-particles [J]. RSC Adv., 2016, 6 (4): 2746-2759.

[49] JIA C, CAO Y, YANG P. TiO_2 hollow spheres: One-pot synthesis and enhanced photocatalysis [J]. Funct. Mater. Lett., 2013, 6: 1350025.

[50] THIRUGNANAM L, KAVERI S, DUTTA M, et al. Porous tubular rutile TiO_2 nanofibers: Synthesis, characterization and photocatalytic properties [J]. J. Nanosci. Nanotechno., 2014, 14: 3034-3040.

[51] LIU J, HOSSEINPOUR P M, LUO S, et al. TiO_2 nanotube arrays for photocatalysis: Effects of crystallinity, local order, and electronic structure [J]. J. Vac. Sci. Technol. A, 2015, 33 (2): 021202.

[52] FULEKAR J, DUTTA D P, PATHAK B, et al. Novel microbial and root mediated green synthesis of TiO_2 nanoparticles and its application in wastewater remediation [J]. J. Chem. Technol. Biot., 2017, 93 (3): 736-743.

[53] VENKATRAMAN M R, MUTHUKUMARASAMY N, AGILAN S, et al. Size controlled synthesis of TiO_2 nanoparticles by modified solvothermal method towards effective photocatalytic and photovoltaic applications [J]. Mater. Res. Bull., 2018, 97: 351-360.

[54] ARUNKUMAR S, ALAGIRI M. Synthesis and characterization of spindle-like TiO_2 nanostructures and photocatalytic activity on methyl orange and methyl blue dyes under sunlight radiation [J]. J. Clust. Sci., 2017, 28 (5): 1-9.

[55] JIANG X, LIN Q, ZHANG Y, et al. TiO_2 nanotube arrays: Hydrothermal fabrication and photocatalytic activities [J]. J. Mater. Sci. Mater. El., 2017, 28 (17): 12509-12513.

[56] XIE K, ZHANG H, SUN S, et al. Functions of boric acid in fabricating TiO_2 for photocatalytic degradation of organic contaminants and hydrogen evolution [J]. Mol. Catal., 2019, 479: 110614.

[57] CHEN G, DING N, LI F, et al. Enhancement of photocatalytic H_2 evolution on $ZnIn_2S_4$ loaded with in-situ photo-deposited MoS_2 under visible light irradiation [J]. Appl. Catal. B Environ., 2014, 160-161: 614-620.

[58] BAI S, ZHANG K, SUN J, et al. Surface decoration of WO_3 architectures with Fe_2O_3 nanoparticles for visible-light-driven photocatalysis [J]. CrystEngComm, 2014, 16: 3289-3295.

[59] KOPPENOL W H, STANBURY D M, BOUNDS P L. Electrode potentials of partially reduced oxygen species, from dioxygen to water [J]. Free Radic. Biol. Med., 2010, 49 (3): 317-322.

7 $CaIn_2S_4/TiO_2$ 复合薄膜的制备及光电化学性能研究

7.1 引 言

一维半导体纳米材料具有许多新颖独特的物理、化学特性，在电子器件以及生物传感器的构建等诸多领域有着广泛的应用，其制备和物性研究一直是纳米材料发展的重点和热点[1]。探索一维纳米阵列的集成效应，构筑新型的高性能纳米功能器件也已成为纳米电子器件研制的最关键技术之一。特别是在如今能源短缺的大背景下，为提高太阳能的利用效率和降低器件成本，越来越多的人将目光聚焦在一维纳米阵列薄膜太阳能电池的研究中[2]。

已有研究表明，一维单晶纳米阵列的利用可以有效提高太阳能电池的光电转换效率，原因主要有 3 个[3-6]：（1）入射光在一维纳米阵列中会进行多次散射，形成“陷光效应”，从而增加被吸收的概率。纳米阵列对入射光的偏振方向、入射角度、入射波长也不敏感，导致对入射光有很强的捕获能力。（2）一维纳米阵列能够为电子提供与纳米粒子相比更加直接的电子传输通道，有利于提高注入电子的收集效率。（3）垂直的纳米线传输通道以及其较大的比表面积有利于载流子的分离，一维纳米阵列的特殊几何结构使得光子的吸收方向与载流子的分离方向互相垂直，在很大程度上强调了光子的充分吸收与有效分离的统一，从而为高效薄膜电池的制备提供了新的机遇。

基于以上理论，一维纳米阵列薄膜太阳能电池的报道不断涌现，特别是关于 TiO_2、ZnO 纳米阵列的光电化学太阳能电池的报道逐日增多[5-6]，主要是因为这两种材料展现出了良好的光电特性、稳定性以及相对成熟的制备技术。但这两种材料同时存在的带隙宽、光吸收波长范围较窄的本质问题不能忽视，并且由于电池结构比较复杂，造成光生电荷复合概率增大。以立方尖晶石结构的 $CaIn_2S_4$ 为代表的三元金属硫化物由于其独特的光电特性和催化性能受到人们的广泛关注，$CaIn_2S_4$ 具有合适的禁带宽度，为 2.1～2.7 eV，在可见光范围内有很好的光吸收，并且有很好的光化学稳定性和催化活性，在光伏和光催化领域有很好的应用前景[7-12]。本章结合 TiO_2 和 $CaIn_2S_4$ 两种优异的半导体材料构建异质结构，以期提高光电化学性能。

7.2 实验部分

7.2.1 TiO_2 纳米棒薄膜的制备

采用水热法在 FTO 透明导电玻璃（SnO_2：F）衬底上合成 TiO_2 纳米棒阵列薄膜。首先将 FTO 衬底裁切成 30 mm × 15 mm，依次使用丙酮、乙醇和去离子水各超声清洗 30 min，烘干备用。TiO_2 纳米棒阵列薄膜的制备过程：将 30 mL 去离子水和 30 mL 浓盐酸混合于烧杯之中，搅拌 5 min 使之充分混合，然后向混合溶液缓慢加入 1 mL 的钛酸四丁酯（$C_{16}H_{36}O_4Ti$），继续搅拌 5 min 至溶液澄清。将清洗干净的 FTO 导电面倾斜向下放在高压反应釜中加入反应溶液，将反应釜密封置于 150 ℃恒温鼓风干燥箱中加热 14 h 后，自然冷却到室温。

7.2.2 $CaIn_2S_4/TiO_2$ 复合薄膜的制备

将 0.25 mmol 的 $Ca(NO_3)_2 \cdot 4H_2O$ 和 0.5 mmol 的 $InCl_3 \cdot 4H_2O$ 溶于 20 mL 去离子水中，继而加入 1.5 mmol 半胱氨酸，磁力搅拌 30 min 后，将混合溶液倒入反应釜的聚四氟乙烯内衬中，最后将长有 TiO_2 纳米棒的 FTO 基底导电面倾斜向下放在反应溶液中，反应釜密封后置于烘箱中，160 ℃恒温反应 2 h，待反应结束后反应釜自然冷却至室温，打开反应釜取出样品，用大量去离子水冲洗干净，最后获得均匀沉积在 FTO 衬底上的薄膜阵列，用大量去离子水清洗然后在空气中自然干燥。

7.3 $CaIn_2S_4/TiO_2$ 复合薄膜的表征和光电化学性质分析

7.3.1 结构分析

图 7-1 为 FTO 衬底、TiO_2/FTO 和 $CaIn_2S_4/TiO_2$/FTO 样品的 XRD 衍射图谱。对于 TiO_2/FTO 样品，除 FTO 的衍射峰外，其他的衍射峰均属于金红石结构的 TiO_2，这说明利用水热法得到的 TiO_2 薄膜为金红石相。$CaIn_2S_4/TiO_2$/FTO 的 XRD 图谱中，可以看到在 27.3°和 47.6°的位置出现了明显的衍射峰，这两个衍射峰与 $CaIn_2S_4$ 的标准卡片（JCPDS No. 31-0272）的（311）和（400）晶面相对应，说明通过水热法成功在 TiO_2/FTO 样品上制备了立方相的 $CaIn_2S_4$ 薄膜。图 7-1 中插图为 $CaIn_2S_4/TiO_2$/FTO 样品的照片，可以看到 $CaIn_2S_4$ 均匀地生长在了 TiO_2/FTO 表面，颜色分布均匀，且薄膜附着性好，没有出现脱落现象。

7.3.2 形貌分析

图 7-2 为 TiO_2 薄膜和 $CaIn_2S_4/TiO_2$ 薄膜样品的 SEM 图像。图 7-2（a）为

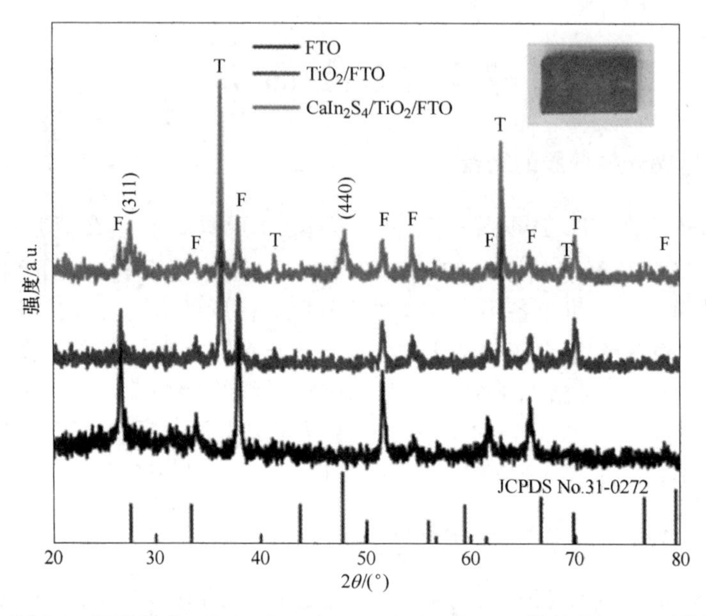

图 7-1 FTO 衬底、TiO_2/FTO 和 $CaIn_2S_4/TiO_2$/FTO 样品的 XRD 图谱

TiO_2 薄膜样品的 SEM 俯视图，可以看到利用水热法成功制备出了具有纳米棒阵列结构的 TiO_2 薄膜。TiO_2 纳米棒均匀地分布在 FTO 表面，纳米棒的直径为 80~200 nm。图 7-2（b）为 TiO_2 薄膜样品的侧视图，可以看到 TiO_2 纳米棒近乎垂直地生长在 FTO 基片上，纳米棒的长度约为 2.5 μm。图 7-2（c）为 $CaIn_2S_4/TiO_2$ 薄膜样品的 SEM 俯视图，可以看出水热法生长的 $CaIn_2S_4$ 薄膜具有片状结构，并且大量的纳米片连接在一起形成了网状结构。这种网状结构增大了薄膜样品与电解液的接触面积，同时有利于光吸收。从图 7-2（d）中可以看到，$CaIn_2S_4$ 不仅生长在了 TiO_2 纳米棒阵列薄膜的表面，并且填充了 TiO_2 纳米棒间的缝隙，增大了 $CaIn_2S_4$ 与 TiO_2 形成异质结的面积，有利于光生载流子的有效分离。

(a)

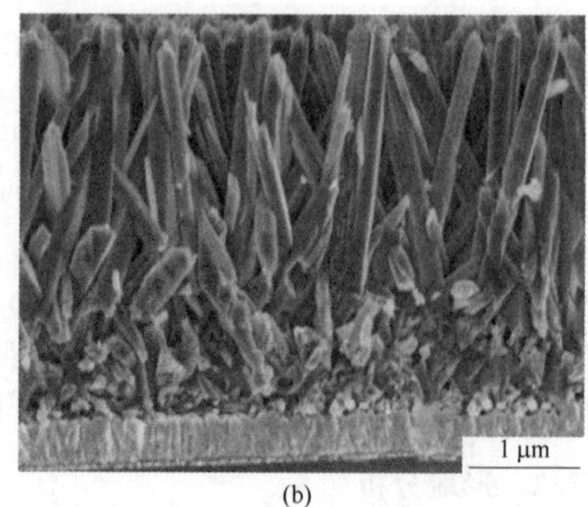

(b)

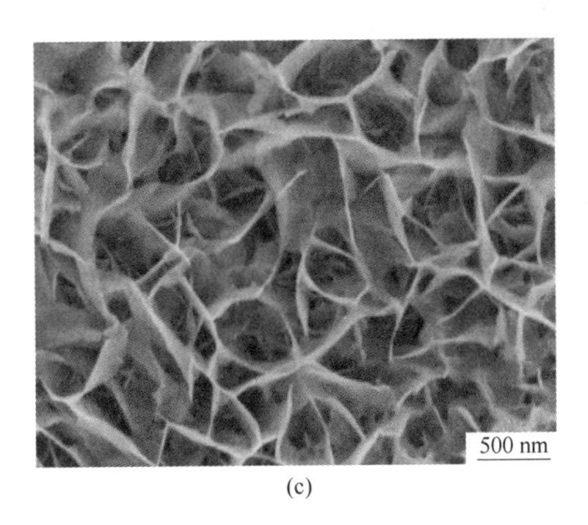

(c)

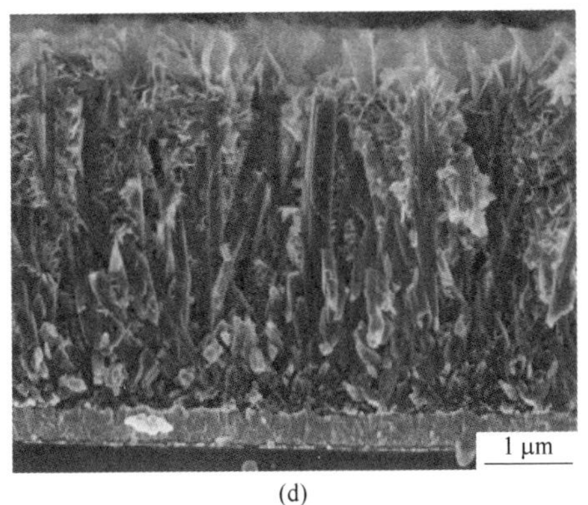

(d)

图 7-2 TiO_2 薄膜（a）（b）和 $CaIn_2S_4/TiO_2$ 薄膜（c）（d）的 SEM 图像

7.4 $CaIn_2S_4/TiO_2$ 复合薄膜的光电化学性质分析

图 7-3 为 TiO_2 薄膜和 $CaIn_2S_4/TiO_2$ 薄膜样品的光吸收谱，从图中可以看到对于 TiO_2 纳米棒阵列薄膜，其光吸收范围主要集中在紫外光位置，吸收边约为 400 nm，这是由于 TiO_2 的禁带宽度较大。当 TiO_2 阵列复合 $CaIn_2S_4$ 纳米片后，样品的光吸收范围明显变宽（向可见光方向红移），吸收边接近 540 nm，对应着 $CaIn_2S_4$ 的带隙宽度 2.3 eV，表明 $CaIn_2S_4/TiO_2$ 薄膜样品对可见光的吸收增强，有利于产生更多的光生载流子参与到光电化学反应当中。

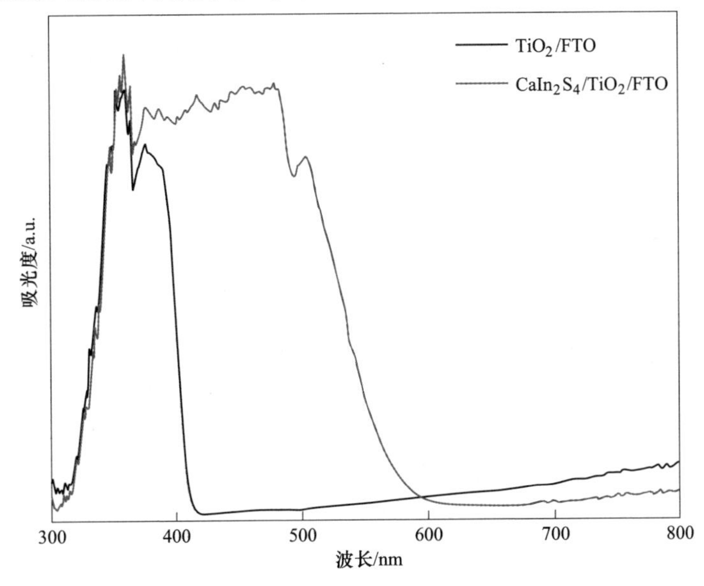

图 7-3 TiO_2 薄膜和 $CaIn_2S_4/TiO_2$ 薄膜的光吸收谱

7.5　反应时间对 $CaIn_2S_4/TiO_2$ 薄膜形貌的影响

为研究 $CaIn_2S_4$ 在 TiO_2 纳米棒阵列薄膜上的生长情况，对不同沉积时间下的 $CaIn_2S_4/TiO_2$ 薄膜样品进行了 SEM 测试。图 7-4 为不同沉积时间下 $CaIn_2S_4/TiO_2$ 薄膜样品的 SEM 图像。当沉积时间为 45 min 时，可以看到 TiO_2 纳米棒上生长了少量的 $CaIn_2S_4$ 颗粒。当沉积时间延长至 60 min 时，在 TiO_2 纳米棒上已经形成了具有片状结构的 $CaIn_2S_4$ 薄膜，但此时 $CaIn_2S_4$ 纳米片的厚度很小，并且几乎都生长在了纳米棒的顶端。随着沉积时间延长到 75 min，可以看到 TiO_2 纳米棒的表面都生长了清晰可见的 $CaIn_2S_4$ 纳米片，$CaIn_2S_4$ 纳米片并未完全填充 TiO_2 纳米棒之间的缝隙。当沉积时间达到 150 min 时，$CaIn_2S_4$ 纳米片完全连接在一起，并且完全填充了 TiO_2 纳米棒间的空隙。

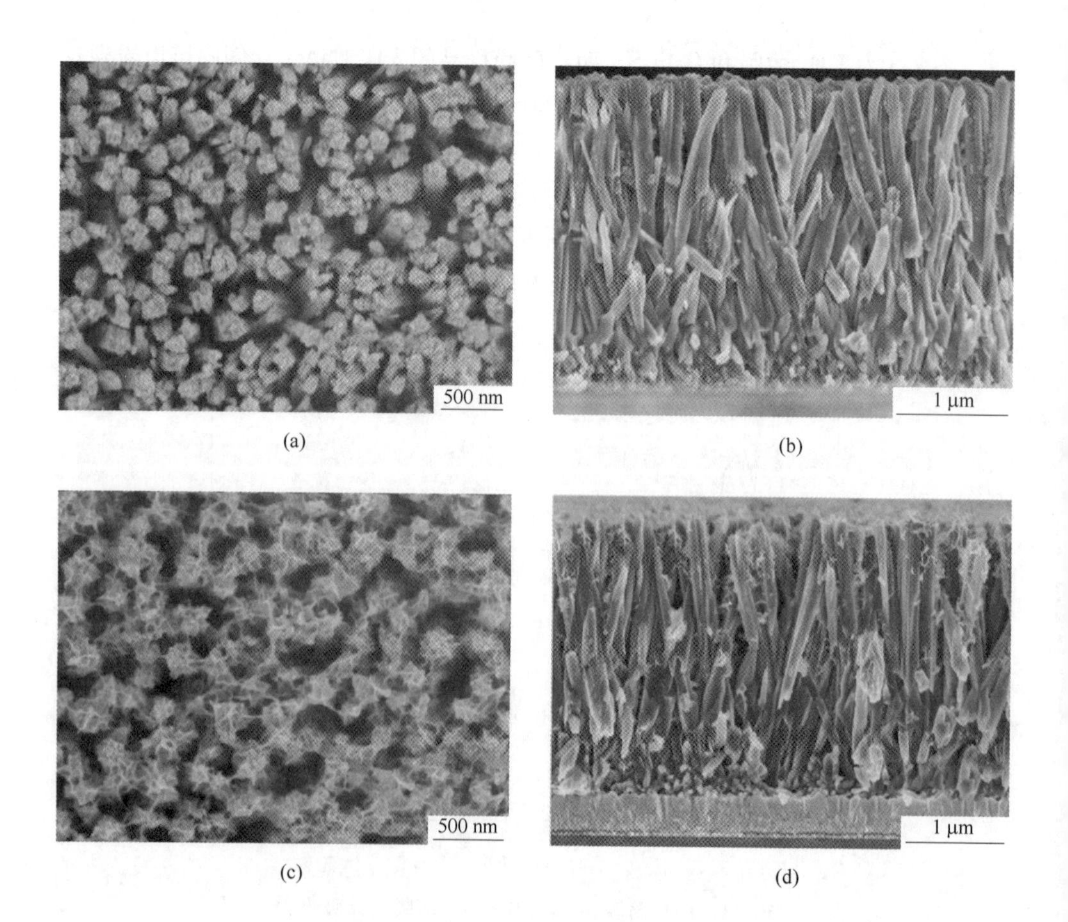

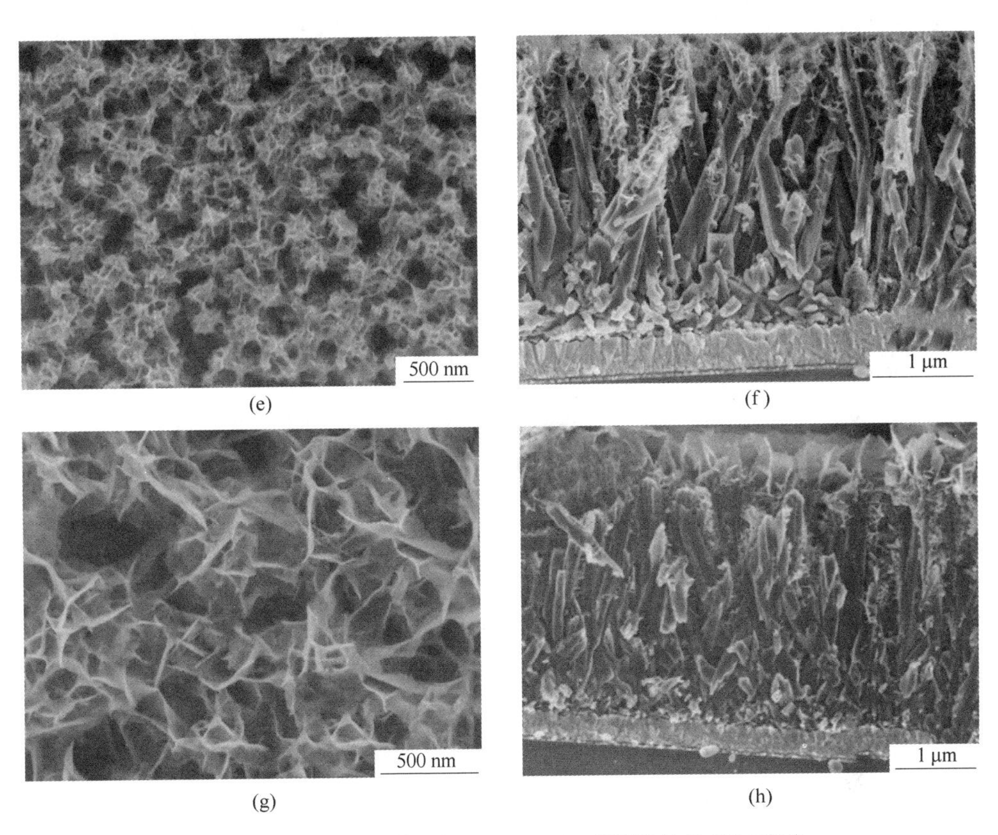

(e)　(f)

(g)　(h)

图 7-4　不同沉积时间下 $CaIn_2S_4/TiO_2$ 薄膜样品的 SEM 图像
(a)(b)沉积时间为 45 min；(c)(d)沉积时间为 60 min；
(e)(f)沉积时间为 75 min；(g)(h)沉积时间为 150 min

7.6　$CaIn_2S_4/TiO_2$ 薄膜样品的光电化学性质研究

图 7-5 为 TiO_2/FTO 样品和不同沉积时间 $CaIn_2S_4$ 薄膜样品的 *J-V* 曲线，由于样品的暗电流都非常小，故图中并未显示。从图 7-5 中可以看到未复合 $CaIn_2S_4$ 薄膜样品的电流密度很小，大约为 0.05 mA/cm^2。复合 $CaIn_2S_4$ 薄膜后，样品的电流密度明显增大，并且随着 $CaIn_2S_4$ 的沉积时间增长，样品的电流密度显示了先增大后减小的规律，如图 7-5 所示，沉积时间为 120 min，$CaIn_2S_4$ 得到的复合薄膜样品的电流密度最大，能够达到 0.85 mA/cm^2，大约是 TiO_2/FTO 薄膜电流密度的 17 倍。电流密度的变化规律主要是由样品的厚度不同导致的，首先随着沉积时间的增加，TiO_2 薄膜上生长的 $CaIn_2S_4$ 增加形成了异质结，有利于光生载流子的分离，因此电流密度随着沉积时间的增长而变大。其次当 $CaIn_2S_4$ 薄膜的

沉积时间超过 120 min 后，样品中 $CaIn_2S_4$ 薄膜生长过厚，导致光生载流子的运输电阻过大，因此随沉积时间的进一步增长，样品的电流密度变小。

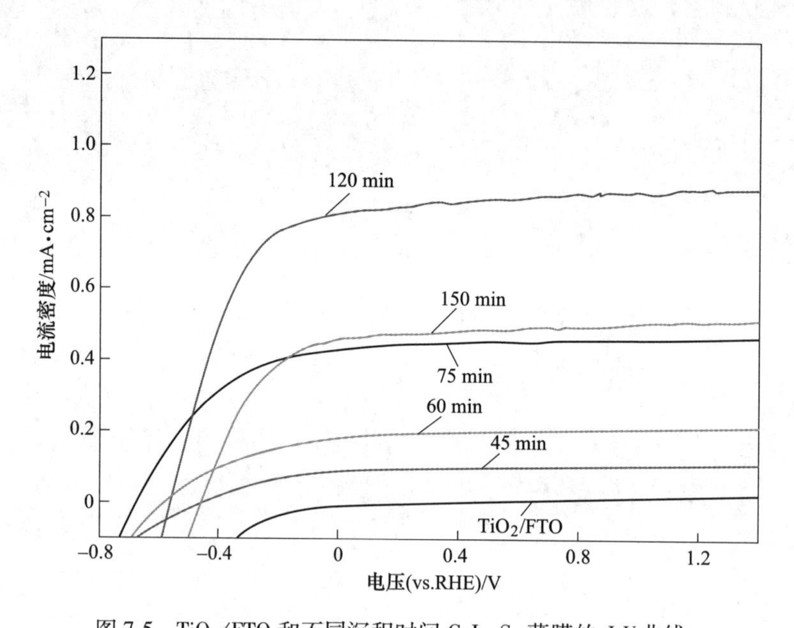

图 7-5 TiO_2/FTO 和不同沉积时间 $CaIn_2S_4$ 薄膜的 *J-V* 曲线

图 7-6 为 TiO_2/FTO 样品和不同沉积时间 $CaIn_2S_4$ 薄膜样品的 *J-t* 曲线。从图

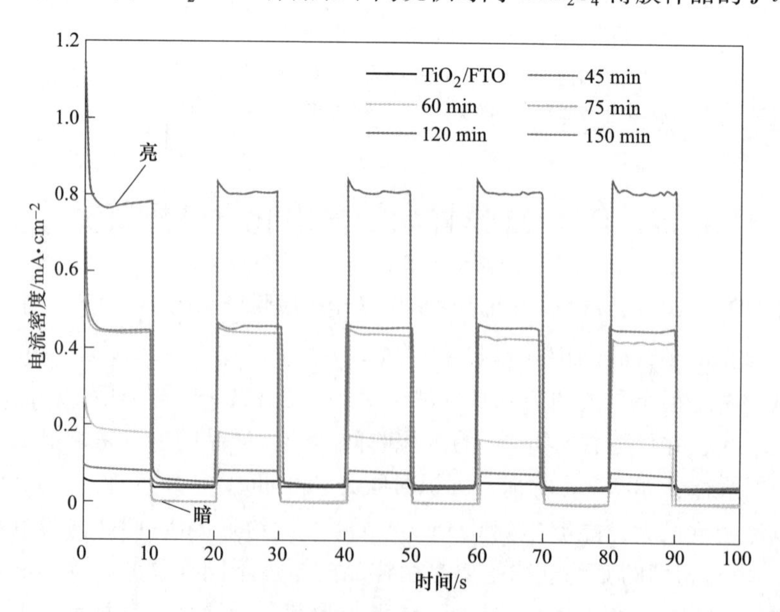

图 7-6 TiO_2/FTO 和不同沉积时间 $CaIn_2S_4$ 薄膜的 *J-t* 曲线

图 7-6 彩图

7-6 中可以看到，所有样品在光照的情况下电流密度都迅速增大，光照消失后，电流密度立刻减小到接近于零，这说明所有的样品都具有良好的光响应特性。TiO_2/FTO 样品的电流密度最小，而复合 $CaIn_2S_4$ 薄膜后，随着 $CaIn_2S_4$ 的沉积时间增长，电流密度变化规律为先增大后减小，这与 *J-V* 特性曲线一致。

7.7 本章小结

本章利用水热法首先在 FTO 表面制备出了结构完整、分布均匀的 TiO_2 纳米棒阵列薄膜，之后再次利用水热法在 TiO_2 薄膜样品的表面生长了具有纳米片状结构的 $CaIn_2S_4$ 薄膜，形成了 1D 和 2D 结构相互结合的 $CaIn_2S_4/TiO_2$ 异质结薄膜。由于样品独特的形貌结构，使薄膜具有更大的比表面积，增大了可见光的吸收强度，加快了光生载流子的有效分离和运输。因此，$CaIn_2S_4/TiO_2$ 异质结薄膜相对于 TiO_2 纳米棒阵列薄膜具有更大的电流密度，其电流密度达到了 0.85 mA/cm^2，是TiO_2 纳米棒阵列薄膜电流密度的 17 倍。此外，不同沉积时间对 $CaIn_2S_4/TiO_2$ 异质结薄膜的电流密度也有重要影响，随着沉积时间的增长，$CaIn_2S_4/TiO_2$薄膜样品的电流密度显示了先增大后减小的规律。

参 考 文 献

[1] XIA Y, YANG P, SUN Y, et al. One-dimensiona lnanostructures: Synthesis, characterization, and applications [J]. Adv. Mater., 2003, 15: 353-389.

[2] LIN B, AYDIL E. Growth of oriented single-crystalline rutile TiO nanorod on transport conduction substrates for dye-sensitized solar cell [J]. J. Am. Chem. Soc., 2009, 131: 3985-3990.

[3] GUO M, DIAO P, CAI S M. Photoelectrochemical properties of highly oriented ZnO nanotube array films on ITO substrates [J]. Chem. Lett., 2004, 15 (9): 1113-1116.

[4] 周正基. 一维单晶 TiO_2 纳米阵列的可控制备及其在太阳能电池中的应用研究 [D]. 开封：河南大学，2013.

[5] LAW M, GREENE L E, JOHNSON J C, et al. Nanowire dye-sensitized solar cells [J]. Nat. Mater., 2005, 4 (6): 455-459.

[6] MOR G, SHANKAR K, PAULOSE M, et al. Use of highly-ordered TiO_2 nanotube arrays in dye-sensitized solar cells [J]. Nano Lett., 2006, 6 (2): 215-218.

[7] WAN S, OU M, CAI W, et al. Preparation, characterization, and mechanistic analysis of $BiVO_4/CaIn_2S_4$ hybrids that photocatalyze NO removal under visible light [J]. J Phys Chem Solids, 2018, 122: 239-245.

[8] JIANG D L, LI J, XING C, et al. Two-dimensional $CaIn_2S_4$/g-C_3N_4 heterojunction nanocomposite with enhanced visible-light photocatalytic activities: Interfacial engineering and mechanism insight [J]. ACS Appl. Mater. Inter., 2015, 7 (34): 19234.

[9] DING J, YAN W, SUN S, et al. Hydrothermal synthesis of $CaIn_2S_4$-reduced graphene oxide

nanocomposites with increased photocatalytic performance [J]. ACS Appl. Mater. Inter., 2014, 6 (15): 12877-12884.

[10] JO W K, NATARAJAN T S. Facile synthesis of novel redox-mediator-free direct Zscheme $CaIn_2S_4$ marigold-flower-like/TiO_2 photocatalysts with superior photocatalytic efficiency [J]. ACS Appl. Mater. Inter., 2015, 7: 17138-17154.

[11] DING J, HONG B, LUO Z, et al. Mesoporous monoclinic $CaIn_2S_4$ with surface nanostructure: An efficient photocatalyst for hydrogen production under visible light [J]. J. Phys. Chem. C, 2014, 118 (48): 27690-27697.

[12] SWAIN G, SULTANA S, MOMA J, et al. Fabrication of hierarchical two-dimensional MoS_2 nanoflowers decorated upon cubic $CaIn_2S_4$ microflowers: Facile approach to construct novel metal-free p-n heterojunction semiconductors with superior charge separation efficiency [J]. Inorg. Chem., 2018, 57 (16): 10059-10071.

8 片状 $CdIn_2S_4$ 薄膜的制备及光电化学性能研究

8.1 引 言

近年来，三元化合物半导体 AB_mC_n（A 为 Cu、Ag、Zn、Cd 等，B 为 Al、Ga、In，C 为 S、Se、Te）由于其独特的光学和电学性质吸引了人们的注意。其中，$CdIn_2S_4$ 的禁带宽度在 2.1~2.7 eV 范围内，与太阳光谱匹配很好，适合用作光电材料[1-2]。已有报道 $CdIn_2S_4$ 应用在太阳能电池[3-5]、光导体、光催化和发光二极管等领域[6-11]。

半导体材料的形貌、尺寸、结构对其物理性质和化学性质有很大的影响[12-13]。通过制备具有新颖结构和形貌的 $CdIn_2S_4$ 材料，不仅可以在现有的应用领域内进一步提升其性能，还可以开发出新的应用领域，因此很多人都集中于制备各种不同形貌的 $CdIn_2S_4$ 材料。水热法是一种可以控制样品形貌的化学制备方法，具有低耗、操作简单、效率高等特点。目前关于利用水热法制备 $CdIn_2S_4$ 材料的报道已有很多。Fan 等利用水热法制备了具有空心球结构的 $CdIn_2S_4$ 颗粒[14]。Apte 等利用微波加热水热釜的方法制备了具有多层结构的 $CdIn_2S_4$ 纳米结构[15]。这些形貌各异的 $CdIn_2S_4$ 纳米结构显示了优异的物理和化学性质，具有广泛的应用前景。但是如何将具有特殊纳米结构的 $CdIn_2S_4$ 晶体完整地生长在导电基片上仍然是一个挑战[16]。现阶段，人们尝试通过喷雾热解、真空蒸发、热壁外延等方法合成 $CdIn_2S_4$ 薄膜[17-19]。然而，所有这些技术都需要高温或烧结步骤来获得高度结晶的薄膜。与上述方法相比，水热法具有操作简单、涂覆效率好、可大规模生产等优点。虽然水热法已被广泛用于制备各种硫系化合物纳米颗粒[20-22]，但水热法制备硫系化合物薄膜的研究却非常有限[23]。

在本章中，笔者利用水热法直接在 FTO 导电基片上生长了具有片状结构的 $CdIn_2S_4$ 薄膜，详细地讨论了样品的生长机制，并研究了 $CdIn_2S_4$ 薄膜的光电化学性质。

8.2 实 验 过 程

采用水热技术直接在 FTO 导电基片上生长片状的 $CdIn_2S_4$ 薄膜。首先将尺寸合适的 FTO 基片（1.5 cm × 4 cm）分别在丙酮、异丙醇和无水乙醇中超声清洗 30 min。将干净的 FTO 基片浸入硫酸与过氧化氢的混合溶液中（H_2SO_4 与 30%的 H_2O_2 的浓度比为 3∶1），1 min 后快速取出基片，避免浸入时间过长影响 FTO 基片的电导率。用大量的蒸馏水冲洗 FTO 基片后，放入无水乙醇中超声 15 min 后用 N_2 吹干备用。

将 $CdCl_2 \cdot 2.5H_2O$（0.068 g）、$InCl_3 \cdot 4H_2O$（0.176 g）和 *L*-cysteine（0.290 g）放入 30 mL 的蒸馏水中，利用磁力搅拌器进行搅拌溶解。将得到的透明溶液移入容积为 50 mL 的反应釜中，把 FTO 基片垂直放入溶液中。之后将反应釜放入高温干燥箱内，在 160 ℃的条件下反应 3~18 h，反应结束后让反应釜自然冷却至室温。最后将得到的薄膜样品用大量的蒸馏水冲洗后在真空炉中 60 ℃烘干。

8.3 $CdIn_2S_4$ 薄膜的表征及光电化学性质分析

8.3.1 结构分析

图 8-1 是在 160 ℃的条件下反应 12 h 得到的 $CdIn_2S_4$ 薄膜样品的 XRD 图谱。从图 8-1 中可以看到，在 27.3°和 47.7°的位置有很强的衍射峰，这两个衍射峰是

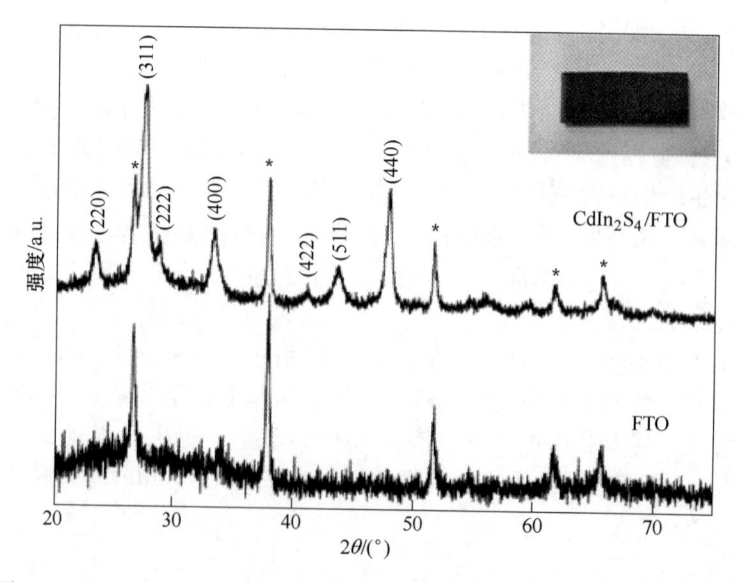

图 8-1 在 160 ℃的条件下反应 12 h 得到的 $CdIn_2S_4$ 薄膜样品的 XRD 图谱（插图为薄膜样品的照片）

尖晶石结构 $CdIn_2S_4$ 的特征峰，分别对应着（311）和（440）晶面。这说明本书制备得到的 $CdIn_2S_4$ 样品具有尖晶石结构，此外 XRD 图谱中没有其他的二元硫化物、氧化物或者有机化合物的衍射峰存在（图 8-1 中带星号的衍射峰为 FTO 基片的衍射峰）。通过对衍射峰半高宽的计算得到 $CdIn_2S_4$ 样品晶格常数为 $a=1.084$ nm，这些结果都与标准卡片（JCPDS No. 27-0060）相符。图 8-1 中右上角插图为制备的 $CdIn_2S_4$ 的照片，可以看到 FTO 基片表面均匀地生长着 $CdIn_2S_4$ 薄膜，薄膜与基片连接紧密，没有发生脱落现象。

8.3.2 形貌和元素分析

图 8-2（a）~（d）是反应时间为 12 h 的 $CdIn_2S_4$ 薄膜样品的 FESEM 图像。由低倍的 FESEM 图像［见图 8-2（a)］可以看到薄膜样品中有大量的纳米片，几乎所有的纳米片都垂直于基片生长。由高倍的 FESEM 图像［见图 8-2（b)］可以看到组成薄膜的纳米片厚度约为 40 nm。图 8-2（c）（d）是薄膜样品的侧面图，从图中可以看到薄膜样品由两层薄膜组成，总厚度约为 2 μm。其中一层薄膜由 $CdIn_2S_4$ 纳米颗粒组成，这些纳米颗粒紧密地生长在 FTO 基片的表面，厚度约为 0.8 μm，这说明在薄膜生长时首先生长的是 $CdIn_2S_4$ 颗粒。在 $CdIn_2S_4$ 颗粒上生长着大量的纳米片，厚度约为 1.2 μm。图 8-2（e）是薄膜样品的 EDX 图谱，可以看到图中只出现了 Cd、In 和 S 元素的峰，没有其他杂质元素存在。通过软件分析得到 Cd、In 和 S 元素的比例为 1∶2.08∶4.19，元素比例非常接近材料的理想化学计量比。

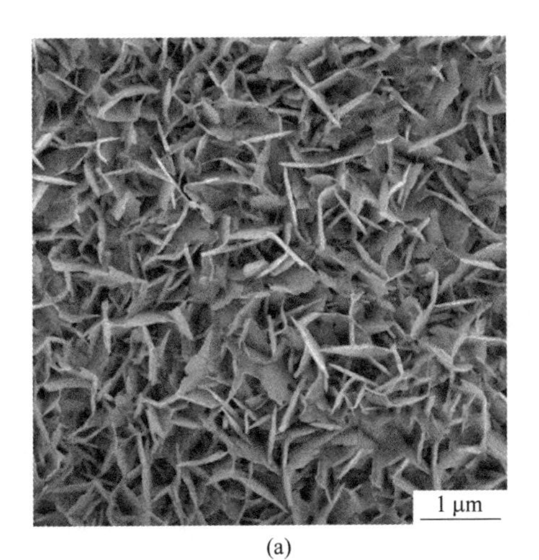

(a)

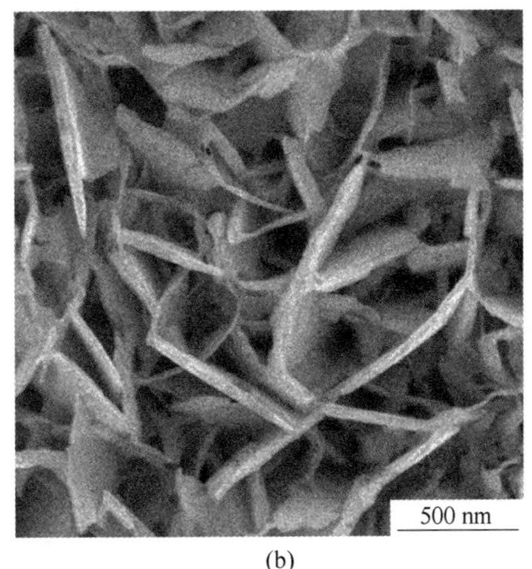

(b)

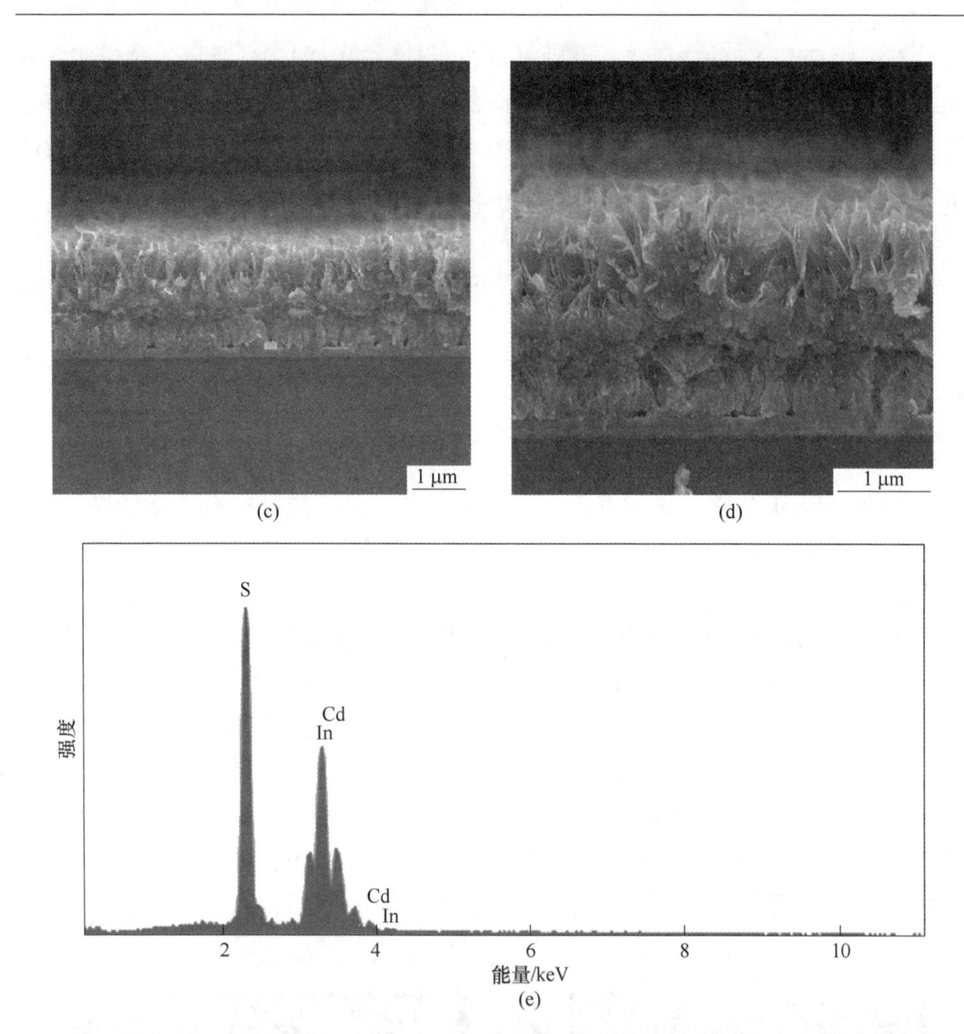

图 8-2　反应时间为 12 h 的 $CdIn_2S_4$ 薄膜样品的 FESEM 正面图（a）（b）、侧面图（c）（d）和 $CdIn_2S_4$ 薄膜样品的 EDX 图谱（e）

图 8-3 为在 160 ℃ 的条件下反应 12 h 得到的薄膜样品的 XPS 图谱。从图 8-3（a）中可以看到，在 532.7 eV 的位置出现了氧的峰，这是由于样品表面吸附了 H_2O 分子，样品中没有其他杂质峰的存在。图 8-3（b）为 Cd 3d 的 XPS 图谱，Cd $3d_{5/2}$ 和 $3d_{3/2}$ 的峰位置分别在 405.0 eV 和 411.8 eV，说明样品中 Cd 的化合价为+2 价。在图 8-3（c）中明显地看到 In 的结合能为 444.7 eV 和 452.3 eV，分别对应着 In $3d_{5/2}$ 和 $3d_{3/2}$，说明 In 在样品中以 In^{3+} 形式存在。S 2p 的结合能位置出现在 161.1 eV 和 162.3 eV，与文献报道的结果吻合[24]。此外，通过计算 XPS 图谱中各个峰的强度推断出样品中 Cd、In 和 S 元素的成分比例约为 1.00 : 2.13 : 4.21，这与 EDX 测试分析得到的各元素的比例接近。通过上面的

XRD、SEM 和 XPS 测试分析可以看出，利用水热技术成功地在 FTO 基片制备出了片状的 $CdIn_2S_4$ 薄膜。

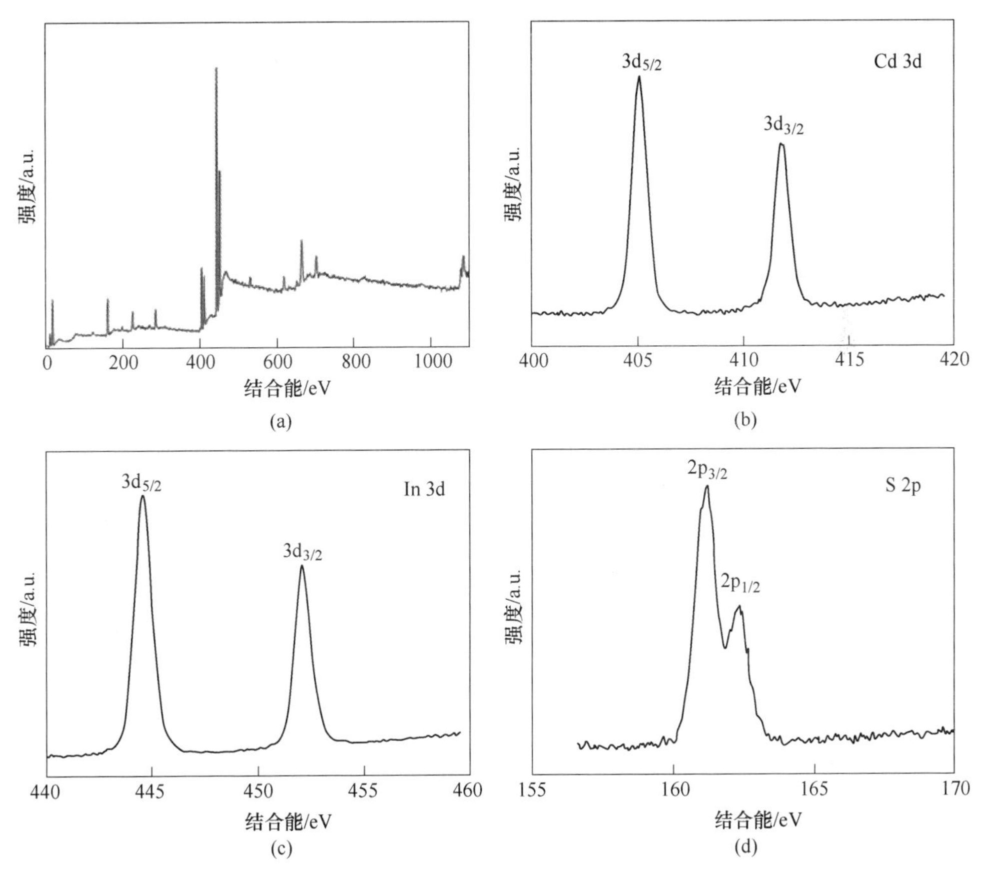

图 8-3 在 160 ℃的条件下反应 12 h 得到的薄膜样品的 XPS 图谱

8.3.3 反应时间对样品形貌的影响

为研究 $CdIn_2S_4$ 薄膜的生长过程，笔者制备了不同反应时间下的薄膜样品。图 8-4 为不同反应时间下制备的 $CdIn_2S_4$ 薄膜样品的 SEM 图像。当反应时间很短时（30 min），从图 8-4（a）中可以看到 FTO 基片表面生长了一层由 $CdIn_2S_4$ 纳米颗粒组成的比较平滑的薄膜。当反应时间增加到 3 h 时［见图 8-4（b）］，薄膜样品的表面生长了大量的 $CdIn_2S_4$ 纳米片，但是这些纳米片都很薄。从样品的侧面 SEM 图像［见图 8-4（e）］中可以看到样品很好地生长在 FTO 基片表面，并且厚度均匀，约为 400 nm。图 8-4（c）是反应时间为 6 h 的薄膜样品的 SEM 图像，可以看到当反应时间增加到 6 h 后，薄膜样品表面的 $CdIn_2S_4$ 纳米片变得更加明显，并且这些纳米片彼此连接在一起，薄膜的表面形成了网状结构。薄膜样品的厚度随着反应时间的增加而增加，反应时间为 6 h 时，图 8-4（f）中看到薄膜样品的厚度增加到 1 μm。当进一步增加反应时间到 18 h 时，如图 8-4（d）和图 8-4（g）所示，薄膜样品的表面出现了大量的不规则颗粒，而且薄膜样品的结构变得疏松。继续增加反应时间至 24 h，发现 $CdIn_2S_4$ 薄膜与 FTO 基片的结合力变得很弱，薄膜很容易在蒸馏水冲洗时脱落。薄膜样品从 FTO 基片上脱落的主要原因是晶体生长与晶体溶解之间的竞争效应。当反应时间较短时，溶液中反应离子的浓度很大，晶体处于不断生长的状态。然而当反应时间增加到较长时间后，晶体的生长速度逐渐变慢，并且生长速度与晶体溶解到溶液中的速度会达到平衡。当反应时间继续增加时，$CdIn_2S_4$ 薄膜与 FTO 基片界面处的 $CdIn_2S_4$ 分子会首先溶解，并最终导致薄膜从基片上脱落[25]。

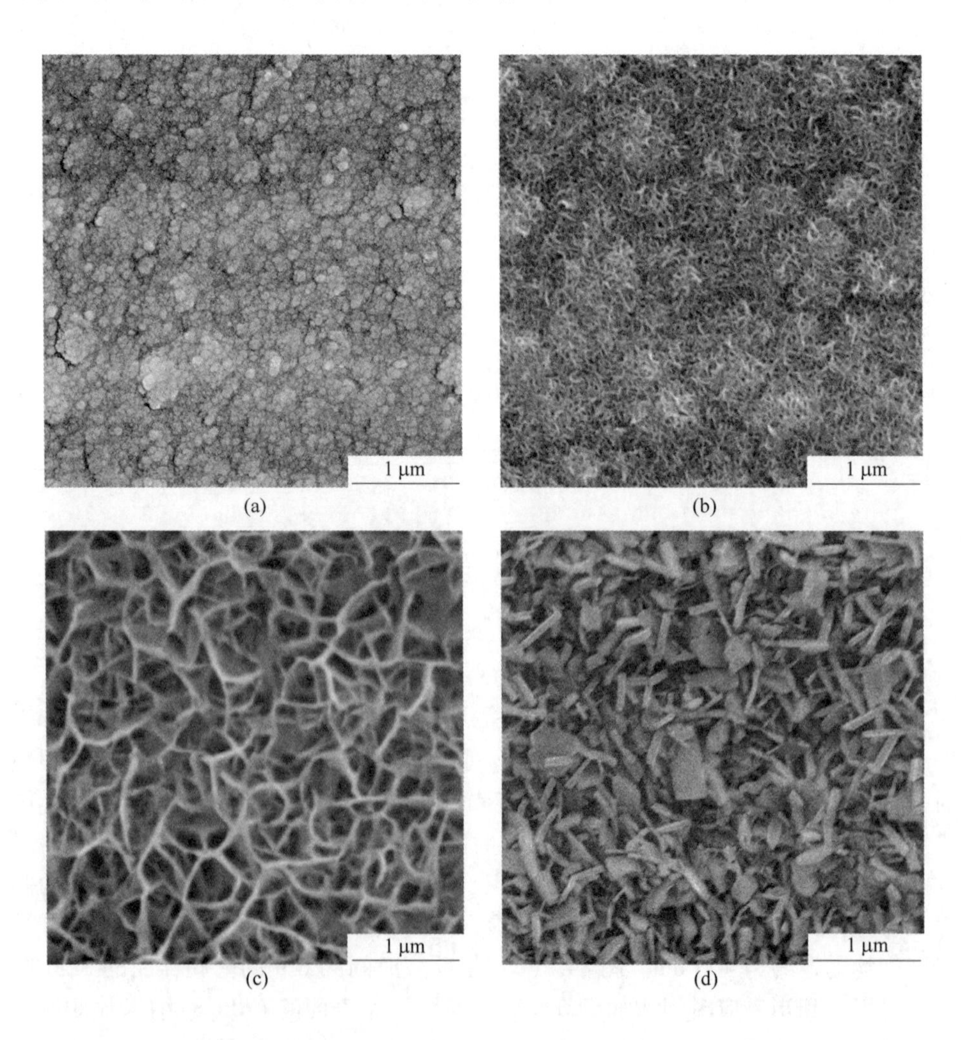

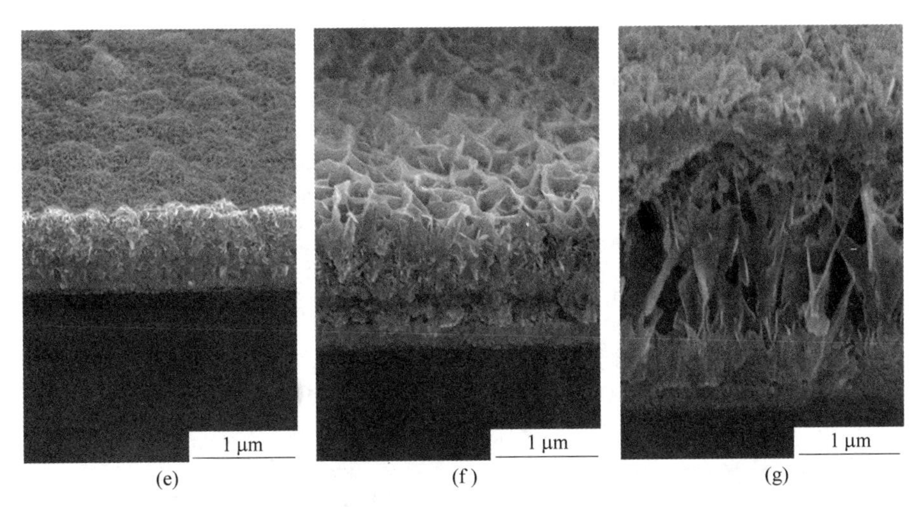

(e) (f) (g)

图 8-4 不同反应时间下制备的 $CdIn_2S_4$ 薄膜样品的 SEM 图像

(a) 30 min; (b) (e) 3 h; (c) (f) 6 h; (d) (g) 18 h

8.3.4 半胱氨酸在反应中的作用分析

进一步实验发现，半胱氨酸在水热法制备片状 $CdIn_2S_4$ 薄膜过程中对薄膜的形貌有重要影响。在保持其他实验条件相同的条件下，分别利用硫脲和硫代乙酰胺作为硫源制备了 $CdIn_2S_4$ 薄膜。图 8-5 为不同硫源条件下制备的 $CdIn_2S_4$ 薄膜样品的 SEM 图像。从图 8-5（a）中可以看到当用硫代乙酰胺作为硫源时，薄膜样品由不规则的颗粒组成，这些颗粒分布不均匀导致薄膜样品表面高低不平。当用硫脲作为硫源时，从图 8-5（b）中可以看到薄膜样品由一些大块的 $CdIn_2S_4$ 颗粒组成，较大的颗粒可达到 1 μm 长。只有当半胱氨酸作为硫源时才会生长出具有片状结构的 $CdIn_2S_4$ 薄膜。由此可见，半胱氨酸对于片状 $CdIn_2S_4$ 薄膜的生长至关重要。在半胱氨酸分子中有—NH_2、—COOH 和—SH 等官能团，这些官能团能够与金属离子作用形成配合物[26-27]。此前已有大量文献报道了半胱氨酸与 In^{3+} 和 Cd^{2+} 在水溶液中反应形成配合物[28-30]。因此，在本书的反应体系中，半胱氨酸不仅是反应中的硫源，还是反应中的络合剂。反应过程中，半胱氨酸会与溶液中的 In^{3+} 和 Cd^{2+} 反应形成配合物 $Cd(L\text{-cysteine})^{2+}$ 和 $In(L\text{-cysteine})^{3+}$。在一定的反应温度下，半胱氨酸开始释放出 S^{2-}，这些配合物就会产生大量的 $CdIn_2S_4$ 晶核。同时一些配合物在反应温度下开始分解释放出金属离子，因而在溶液中和基片上生长出大量的 $CdIn_2S_4$ 颗粒。反应方程式如下：

$$CdCl_2 \cdot 2.5H_2O + nL\text{-cysteine} \longrightarrow [Cd(L\text{-cysteine})_n]^{2+} + Cl^{2-} + 2.5H_2O$$

$$InCl_3 \cdot 4H_2O + nL\text{-cysteine} \longrightarrow [In(L\text{-cysteine})_n]^{3+} + Cl^{3-} + 4H_2O$$

$$HSCH_2CHNH_2COOH + H_2O \longrightarrow CH_3COCOOH + NH_3 + H_2S$$
$$H_2S \longrightarrow HS^- + H^+$$
$$HS^- \longrightarrow H^+ + S^{2-}$$

整体反应方程式：

$$CdCl_2 \cdot 2.5H_2O + 2InCl_3 \cdot 4H_2O + 4HSCH_2CHNH_2COOH \longrightarrow$$
$$CdIn_2S_4 + 4CH_3COCOOH + 4NH_3 + 8HCl + 2.5H_2O$$

图 8-5　不同硫源条件下制备的 $CdIn_2S_4$ 薄膜样品的 SEM 图像

（a）硫代乙酰胺；（b）硫脲

8.3.5　$CdIn_2S_4$ 薄膜的生长机制分析

根据不同反应时间生长薄膜样品的 SEM 图像以及上面讨论的半胱氨酸的作用，总结了片状 $CdIn_2S_4$ 薄膜的生长过程。图 8-6 是水热法制备片状 $CdIn_2S_4$ 薄膜实验中薄膜生长的示意图。本书认为利用水热法在 FTO 导电玻璃上制备均匀的片状 $CdIn_2S_4$ 薄膜主要经历 3 个过程：（1）利用 H_2SO_4 和 H_2O_2 溶液处理 FTO 基片；（2）$CdIn_2S_4$ 在基片表面上异质成核过程；（3）$CdIn_2S_4$ 在基片成核处生长过程。根据本书的相关实验，如果 FTO 没有用 H_2SO_4 和 H_2O_2 溶液处理，则生长的 $CdIn_2S_4$ 薄膜与 FTO 基片的附着力很差，薄膜很容易脱落。这说明利用 H_2SO_4 和 H_2O_2 溶液处理 FTO 基片可以增强薄膜与基片间的附着力，有利于薄膜的均匀生长。这是由于利用 H_2SO_4 和 H_2O_2 溶液对基片处理后，在 FTO 基片的表面会产生大量的—OH 官能团，在无水乙醇中超声后，这些—OH 官能团会失去 H，从而在 FTO 基片表面形成大量负电荷区域。当溶液中加入反应物以后，这些带负电荷的 FTO 表面会吸附 Cd 和 In 的配合物，这些位置在之后的反应过程中就成为了 $CdIn_2S_4$ 分子在 FTO 表面的成核位置。在反应的起始阶段，由于溶液与基片的界面能较低，反应体系中首先会进行异质成核过程。但是异质成核的速度受到配合物分解速度的影响，异质成核的速度并不快，并且异质成核过程复合 ion-by-ion 的沉积过程，因此会在 FTO 表面形成一层由 $CdIn_2S_4$ 纳米颗粒组成的致密的颗粒膜，起到晶体生长的“种子”的作用[16,31]，如图 8-4（a）所示。FTO 基片形成纳米颗粒膜后，接下来薄膜的晶体生长可以分为两步，即质量运输过程和表面动力学过程。溶液中的反应物会从溶液运输到溶液与基片的界面处，从而沉积在基片表面进行晶体生长。之后由于在晶体生长处和基片附近会产生很大的反应物的浓度梯度，使得晶体可以在基片上持续生长。最后就会在基片表面形成一层片状的 $CdIn_2S_4$ 薄膜。值得注意的是，薄膜表面的 $CdIn_2S_4$ 纳米片都是垂直于基片表面生长的。Van der Drift 提出了 Evolution Selection 机制解释了这一现象。该生长机制认为，在最初成核阶段，晶核在基片的表面上是随机形成的，之后这些晶核会竞争生长。随着薄膜不断生长变厚，大部分晶粒都被附近的其他晶粒所掩埋，只有生长方向与基片表面垂直的晶粒保存下来，因而最终就会形成垂直于基片表面的片状结构。

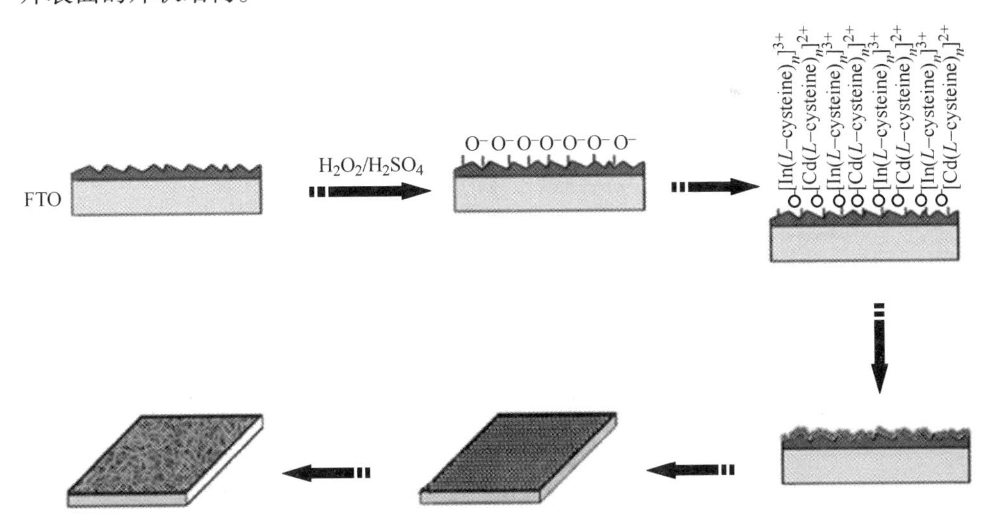

图 8-6 水热法制备片状 $CdIn_2S_4$ 薄膜实验中薄膜生长的示意图

8.3.6 $CdIn_2S_4$ 薄膜的光学特性分析

图 8-7（a）为反应温度 160 ℃条件下，不同反应时间（3 h、6 h、12 h 和 18 h）制备的 $CdIn_2S_4$ 薄膜样品的紫外-可见光吸收光谱，从图中可以看到随反应时间增长，吸收光谱出现了明显的红移现象。由于薄膜样品的晶粒尺寸不同，随反应时间增加，吸收边有轻微的移动。利用 Tauc 方法可以计算出 $CdIn_2S_4$ 薄膜样品的禁带宽度。图 8-7（b）是 $CdIn_2S_4$ 薄膜样品的（$\alpha h\nu$）^{2}-$h\nu$ 曲线，从图中可以

看到，反应时间为 3 h、6 h、12 h 和 18 h 的 $CdIn_2S_4$ 薄膜样品的禁带宽度分别为 2. 58 eV、2. 35 eV、2. 33 eV 和 2. 3 eV，这个结果与文献中的报道相符[1-2]。

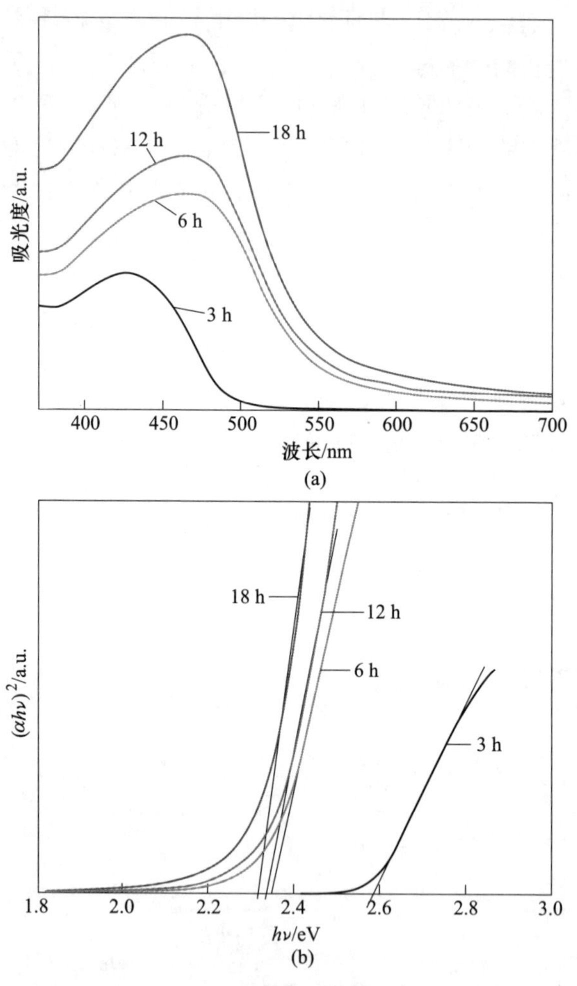

图 8-7 不同反应时间条件下制备的 $CdIn_2S_4$ 薄膜的紫外-可见光吸收光谱（a）和（$\alpha h\nu$）^{2}-$h\nu$ 曲线（b）

8. 3. 7 $CdIn_2S_4$ 薄膜的光电化学性质分析

样品的光电化学特性在三电极体系中进行测试。电解液为 0. 5 M（0. 5 mol/L）的 Na_2SO_4 溶液，光照面积为 1 cm^2，入射光强度为 100 mW/cm^2。图 8-8（a）为不同反应时间制备的 $CdIn_2S_4$ 薄膜在零偏压下的 J-t 曲线，可以看到，所有样品在光照条件下都会产生明显的光电流，并且电流密度随着样品制备的反应时间增长先变大后变小，反应时间为 12 h 时，薄膜样品的电流密度最大，为0. 6 mW/cm^2。出现这样结果，原因是随反应时间的增加，薄膜样品的厚度变大，因而对光电子的吸收变强，所以电流密度变大。反应时间为 18 h 的薄膜样品电流密度变小是由于此样品结构比较疏松，不利于光电子的收集。

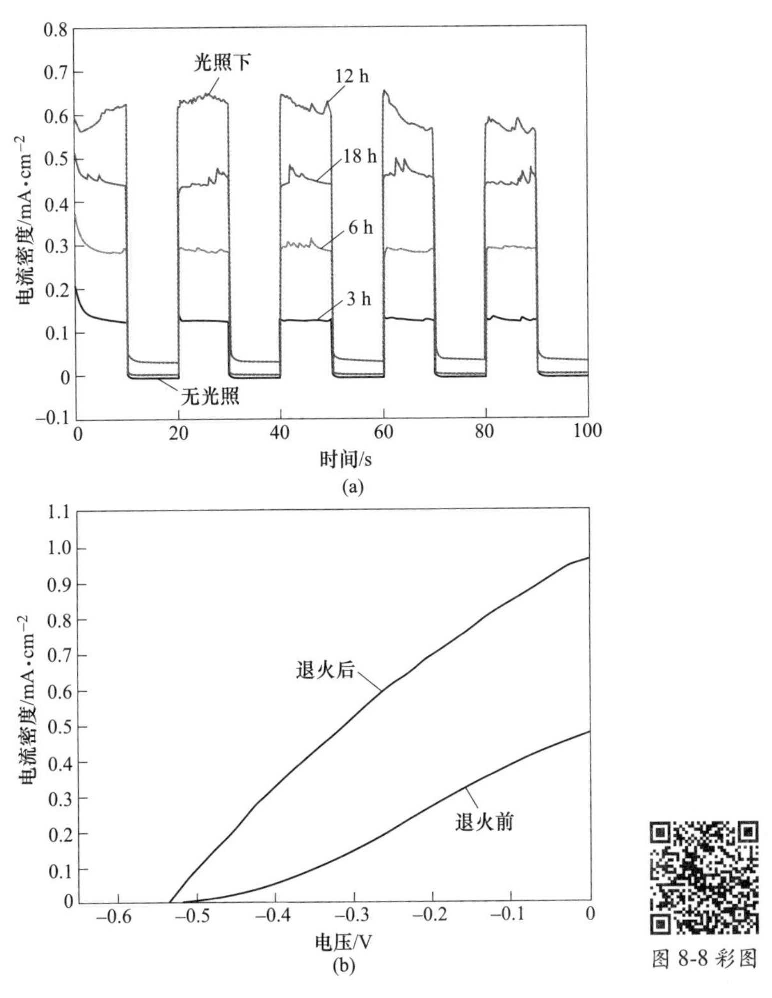

图 8-8 彩图

图 8-8 不同反应时间制备的 $CdIn_2S_4$ 薄膜的光电化学性质 *J-t* 曲线（a）和退火前与退火后 $CdIn_2S_4$ 薄膜作为光电极的 *J-V* 曲线（b）

图 8-8（b）是反应时间为 12 h 的薄膜样品的 *J-V* 曲线。样品未经退火处理时，其转换效率为 0.055%。为进一步提高样品的转换效率，对样品进行了 400 ℃真空条件下的退火处理，样品退火处理后转换效率可以提高到 0.162%，其中开路电压为 0.537 V，短路电流密度为 0.936 mW/cm^2，填充因子为 0.322。本书利用水热法制备的片状 $CdIn_2S_4$ 薄膜的转换效率要比类似电池结构的 CdS 薄膜（0.091%）和 In_2S_3（0.036%）薄膜的转换效率高[32-33]，研究结果表明水热

法合成的 $CdIn_2S_4$ 薄膜可作为光电极材料用于光电化学领域。

8.4 本章小结

本章利用水热法制备了具有片状结构的 $CdIn_2S_4$ 薄膜样品，对样品的结构、形貌和成分详细地进行了分析，讨论了不用反应时间、不同硫源对薄膜样品的形貌的影响，并且讨论了薄膜样品的生长机制，最后对薄膜样品的光电化学性质进行了测试分析，得到结论如下：

（1）首次采用水热技术，以半胱氨酸为硫源，在 160 ℃条件下反应 12 h，制备了具有片状结构的 $CdIn_2S_4$ 薄膜。薄膜样品具有尖晶石结构，成分比例与理想的化学成分比例十分接近。

（2）半胱氨酸在片状结构的 $CdIn_2S_4$ 薄膜生长的过程中起到了至关重要的作用，试验结果表明只有当半胱氨酸为硫源时才能制备出片状的 $CdIn_2S_4$ 薄膜。

（3）制备片状 $CdIn_2S_4$ 薄膜主要经历 3 个过程：首先是对 FTO 基片的处理，使 FTO 表面形成带负电荷的区域。然后是 $CdIn_2S_4$ 在 FTO 基片表面的异质成核过程。最后是 $CdIn_2S_4$ 在基片表面成核处的晶体生长过程。

（4）利用反应时间为 12 h 的薄膜样品作为光电极测试了光电化学性质，结果显示该样品的转换效率为 0.055%。对样品进行 400 ℃真空条件下的退火处理后，其转换效率可以进一步提高到 0.162%。

参考文献

[1] KALE B B, BAEG J O, LEE S M, et al. $CdIn_2S_4$ nanotubes and “marigold” nanostructures: A visible-light photocatalyst [J]. Adv. Funct. Mater., 2006, 16: 1349-1354.

[2] LI Y X, DILLERT R, BAHNEMANN D. Preparation of porous $CdIn_2S_4$ photocatalyst films by hydrothermal crystal growth at solid/liquid/gas interfaces [J]. Thin Solid Films, 2008, 516: 4988-4992.

[3] SAWANT R R, SHINDE S S, BHOSALE C H, et al. Influence of substrates on photoelectrochemical performance of sprayed n-$CdIn_2S_4$ electrodes [J]. Sol. Energy, 2010, 84: 1208-1215.

[4] KOKATE A V, ASABE M R, DELEKAR S D, et al. Photoelectrochemical properties of electrochemically deposited $CdIn_2S_4$ thin films [J]. J. Phys. Chem. Solids, 2006, 67: 2331-2336.

[5] PENG S J, MHAISALKAR S G, RAMAKRISHNA S. Solution synthesis of $CdIn_2S_4$ nanocrystals and their photoelectrical application [J]. Mater. Lett., 2012, 79: 216-218.

[6] NAKANISH H. Fundamental absorption edge in $CdIn_2S_4$ [J]. Jpn. J. Appl. Phys., 1980, 19: 103-108.

[7] RADAUTSAN S I, IHITAR V F, SHMIGLYUK M I. Heterojunction formation in (Cd Zn) S/

$CdGa_2Se_4$ ternary solar cells [J]. Sov. Phys. Semiconduct., 1972, 5: 1959-1964.

[8] GRILLI E, GUZZI M, MOSKALONOV A V. Photo-luminescence of $CdIn_2S_4$ single-crystals investigation of the recombination centers [J]. J. Phys. Chem., 1978, 11: 236-240.

[9] MU J, WEI Q L, YAO P P, et al. Facile preparation and visible light photocatalytic activity of $CdIn_2S_4$ monodispersed spherical particles [J]. J. Alloys Comp., 2012, 513: 506-509.

[10] YU Y G, CHEN G, WANG G, et al. Visible-light-driven $ZnIn_2S_4/CdIn_2S_4$ composite photocatalyst with enhanced performance for photocatalytic H_2 evolution [J]. Int. J. Hydrogen Energy, 2013, 38: 1278-1285.

[11] WANG W J, NG T W, HO W K, et al. $CdIn_2S_4$ microsphere as an efficient visible-light-driven photocatalyst for bacterial inactivation: Synthesis, characterizations and photocatalytic inactivation mechanisms [J]. Appl. Cata. B: Environ., 2013, 129: 482-490.

[12] AFZAAL M, BRIEN P O. Recent developments in Ⅱ-Ⅵ and Ⅲ-Ⅵ semiconductors and their applications in solar cells [J]. J. Mater. Chem., 2006, 16: 1597-1602.

[13] BHIRUD A, CHAUDHARI N, NIKAM L, et al. Surfactant tunable hierarchical nanostructures of $CdIn_2S_4$ and their photohydrogen production under solar light [J]. Int. J. Hydrogen Energy, 2011, 36: 11628-11639.

[14] FAN L, GUO R. Fabrication of novel $CdIn_2S_4$ hollow spheres via a facile hydrothermal process [J]. J. Phys. Chem. C, 2008, 112: 10700-10706.

[15] APTE S K, GARAJE S N, BOLADE R D, et al. Hierarchical nanostructures of $CdIn_2S_4$ via hydrothermal and microwave methods: Efficient solar-light-driven photocatalysts [J]. J. Mater. Chem., 2010, 20: 6095-6102.

[16] PENG S J, ZHU P N, THAVASI V, et al. Facile solution deposition of $ZnIn_2S_4$ nanosheet films on FTO substrates for photoelectric application [J]. Nanoscale, 2011, 3: 2602-2608.

[17] EPPS G F, BECKER R S. The Photoelectrochemistry of $CdIn_2S_4$ [J]. J. Electrochem. Soc., 1982, 129: 2628-2633.

[18] LI Y, DILLERT R, BAHNMANN R. Preparation of porous $CdIn_2S_4$ photocatalyst films by hydrothermal crystal growth at solid/liquid/gas interfaces [J]. Thin Solid Films, 2008, 516: 4988-4992.

[19] BAEK S N, JEONG T S, YOUN C J, et al. One-pot synthesis and characterization of high-quality CdSe/ZnX (X=S, Se) nanocrystals via the CdO precursor [J]. J. Cryst. Growth, 2004, 262: 259-264.

[20] CHAI B, PENG T Y, ZENG P, et al. Template-free hydrothermal synthesis of $ZnIn_2S_4$ floriated microsphere as an efficient photocatalyst for H_2 production under visible-light irradiation [J]. J. Phys. Chem. C, 2011, 115: 6149-6155.

[21] YANG J, XUE C, YU S H, et al. General Synthesis of semiconductor chalcogenide nanorods by using the monodentate ligand n-butylamine as a shape controller [J]. Angew. Chem. Int. Ed., 2002, 41: 4697-4700.

[22] XU Z D, LI Y X, PENG S Q, et al. Composition, morphology and photocatalytic activity of Zn-In-S composite synthesized by a NaCl-assisted hydrothermal method [J]. Cryst. Eng. Commun.,

2011, 13: 4770-4776.

[23] CHEN Q W, QIAN Y T, CHEN Z Y, et al. Preparation of zinc sulfide thin films by the hydrothermal method [J]. Thin Solid Films, 1996, 272: 1-3.

[24] YAO Q, JIN G, ZHOU G. Formation of hierarchical nanospheres of ZnS induced by microwave irradiation: A highlighted assembly mechanism [J]. Mater. Chem. Phys., 2008, 109: 164-168.

[25] LIU B, AYDIL E S. Growth of oriented single-crystalline rutile TiO_2 nanorods on transparent conducting substrates for dye-sensitized solar cells [J]. J. Am. Chem. Soc., 2009, 131: 3985-3990.

[26] BAO S J, LI C M, GUO C X, et al. Biomolecule-assisted synthesis of cobalt sulfide nanowires for application in supercapacitors [J]. J. Power Sources, 2008, 180: 676-681.

[27] ZHANG B, YE X C, HOU W Y, et al. Biomolecule-assisted synthesis and electrochemical hydrogen storage of Bi_2S_3 flowerlike patterns with well-aligned nanorods [J]. J. Phys. Chem. B, 2006, 110: 8978-8985.

[28] ZHAO P T, HUANG K X. Preparation and characterization of netted sphere-like CdS nanostructures [J]. Cryst. Growth Des., 2008, 8: 717-722.

[29] LIU P, WANG Q S, LI X. Studies on CdSe/*L*-cysteine quantum dots synthesized in aqueous solution for biological labeling [J]. J. Phys. Chem. C, 2009, 113: 7670-7676.

[30] CHEN L Y, ZHANG Z D, WANG W Z. Self-assembled porous 3*d* flowerlike β-In_2S_3 structures: Synthesis, characterization, and optical properties [J]. J. Phys. Chem. C, 2008, 112: 4117-4123.

[31] NAN Y X, CHEN F, YANG L G, et al. Electrochemical synthesis and charge transport properties of CdS nanocrystalline thin films with a conifer-like structure [J]. J. Phys. Chem. C, 2010, 114: 11911-11917.

[32] DONGRE J K, RAMRAKHIANI M. Synthesis of flower-like CdS nanostructured films and their application in photoelectrochemical solar cells [J]. J. Alloys Comp., 2009, 487: 653-658.

[33] ZHANG L N, ZHANG W, YANG H B, et al. Hydrothermal synthesis and photoelectrochemical properties of In_2S_3 thin films with a wedgelike structure [J]. Appl. Surf. Sci., 2012, 258: 9018-9024.